HTML5

プロフェッショナル
認定試験 レベル1

Ver.**2.5**
対応版

対策テキスト&問題集

大藤 幹・鈴木 雅貴［著］

JN086803

マイナビ

本書中の記載について

本文中において、「HTML5プロフェッショナル認定試験」のように、色つきの文字で、太く表示されている箇所は、その言葉についての「用語解説」が後述されている箇所です。

一方、「**HTML5プロフェッショナル認定試験**」のように、色つきのマーカーが引いてある箇所は、その文章中のポイントにあたる点です。こちらには「用語解説」は用意されていません。

HTMLのバージョンと本書の関係について

HTMLのバージョンは、さまざまな経緯を経て、2019年以降、WHATWG（Web Hypertext Application Technology Working Group）が策定する「HTML Living Standard」がHTMLの標準規格になっています。

「HTML Living Standard」は、2014年に勧告された「HTML5」の後継である「HTML 5.2」とよく似ており、「HTML5」の流れの延長線上にある規格であると言えます。

「HTML5プロフェッショナル認定試験 レベル1 Ver2.5」では、認定名には「HTML5」が使われておりますが、HTML Living Standardに基づいて作成されており、本書もそれに基づき執筆・制作されています。

本書で「HTML」と記載されている場合は「HTML Living Standard」を意味します。

時期	HTMLのバージョン
2014年以前	HTML4.01、XHTML1.0など
2014年	HTML5
2016～2017年	HTML 5.1、HTML 5.2
2019年以降	HTML Living Standard

ご注意

● 本書は、「HTML5 プロフェッショナル認定資格 レベル1」の試験である「HTML5 プロフェッショナル認定試験 レベル1」（以下、本認定試験）のVer2.5（2022年2月改訂版）に対応した書籍です。「HTML5 プロフェッショナル認定資格 レベル1」は、特定非営利活動法人エルピーアイジャパン（以下LPI-Japan）が運営する資格制度に基づく試験です。

● 本認定試験の出題範囲や出題傾向は、予告なく変更される場合があります。

● 本認定試験の試験問題は原則的に非公開とされています。

● 本書は、『HTML5プロフェッショナル認定試験 レベル1 対策テキスト＆問題集 Ver2.0対応版』（マイナビ出版、2017年7月発行）の内容を元に、「HTML5プロフェッショナル認定試験 レベル1」のVer2.5に対応するように修正、加筆したものです。

● 本書の内容は、著者をはじめ関係者により、可能な限り実際の試験内容に即すように努めておりますが、その内容が試験の出題範囲および出題傾向を常時正確に反映していることを保証するものではありません。

● 本書の制作にあたっては正確な記述につとめましたが、著者や出版社のいずれも、本書の内容に関してなんらかの保証をするものではなく、内容に関するいかなる運用結果についてもいっさいの責任を負いません。

● 本書中に掲載している画面イメージなどは、特定の設定に基づいた環境にて再現される一例です。ハードウェアやソフトウェアの環境によっては、必ずしも本書通りの画面にならないことがあります。あらかじめご了承ください。

● 本書は2022年8月時点での情報に基づいて執筆されています。本書に登場するソフトウェアのバージョン、URL、製品のスペックなどの情報は、執筆以降に変更されている可能性がありますので、ご了承ください。

● 本書中に登場する会社名および商品名は、該当する各社の商標または登録商標です。本書では©マークおよび™マークは省略させていただいております。

● LPI-Japan HTML5 プロフェッショナル認定教材ロゴ（HTML ATM ロゴ）はLPI-Japanの商標権です。本商標に関するすべての権利はLPI-Japanに保留されています。

はじめに

　本書は、2022年2月1日にリリースされた新しい出題範囲「Ver2.5」に対応した、HTML5プロフェッショナル認定試験レベル1の対策テキスト＆問題集です。出題範囲がVer2.5になったことで、おぼえるべきHTMLの仕様が「2016年11月1日W3C勧告のHTML 5.1」から頻繁に仕様が更新され続けている「HTML Living Standard」に変わりました。本書のHTMLパートの内容は、その HTML Living Standard の2022年8月時点の仕様に準拠したものとなっています。

　本書の改訂作業の過程で予想外だったのは、細かい部分での仕様変更されている箇所の多さです。本書の編集者に送付したHTMLパートの修正指示書の文字数は、一般的な書籍の一冊分近くに達しました。しかも、改訂作業中にも仕様はどんどん更新されていきます。

　改訂作業中に変更された仕様の中には比較的大きな影響のあったものもあります。たとえば、アウトラインアルゴリズムに関する仕様が削除され、それに伴って「暗黙のセクション」や「セクショニングルート」という用語も無くなりました。hgroup要素は、複数の見出しをグループ化するものから、1つの見出しとp要素をグループ化するものへと仕様変更されています。本書では、そのような比較的新しく仕様変更された項目に関しては、できるだけ補足説明欄などで元の仕様についても解説するようにしました。試験問題は最新の仕様に合わせて常にアップデートされているわけではないため、試験対策としては元の仕様もある程度は知っておく必要があると考えられるからです。

　試験対策のための問題には、その時点での実力レベルを測るためのものと、学習した内容をきちんとおぼえているかどうかを確認するためのものがあります。本書では、ダウンロード可能な模擬試験が前者、書籍内の練習問題は後者のタイプの問題となっていますので、練習問題で正解が少なかったとしてもがっかりする必要はありません（本書の練習問題はあえて難易度を高くしています）。きちんとおぼえていない部分がわかったら、その部分を復習し、確実に回答できるようにしておきましょう。

　本書を活用して効率よく学習し、読者の方が見事合格されたとしたら、著者として望外の喜びです。

2022年8月

大藤 幹

　本書を手にとっていただき、ありがとうございます。

　2014年にW3C勧告として登場したHTML5ですが、2021年にはHTML Living Standardという名称に変わりました。5というバージョン番号もなくなり、基本的なものとしてすっかり普及した印象があります。そのような状況にあわせて、「HTML5プロフェッショナル認定試験レベル1」もバージョン2.5に改定されました。2.0から大きな変化はありませんが、日々変わり続けるHTML Living Standardに合わせて、なるべく現状に沿うものとなっています。バージョン2.5に対応した試験対策書である本書を活用し、実際に動作を確認しながら学習していけば、試験と業務に必要な知識・技術が身についているはずです。

　本書が皆様のスキルアップとWeb技術発展の一助となれば幸いです。

2022年8月

NTTテクノクロス株式会社　**鈴木 雅貴**

CONTENTS

CONTENTS

CONTENTS

Chapter 2 CSS   139

CONTENTS

CONTENTS

Chapter 3　レスポンシブWebデザイン　　227

CONTENTS

Chapter 5　Web関連の規格と技術　　267

Appendix　巻末資料　299

本書のサポートサイト

https://book.mynavi.jp/supportsite/detail/9784839980221.html

サポートサイトでは、本書の訂正情報を掲載していくほか、1回分の模擬試験をダウンロードすることができます。

ダウンロード後、ファイルを解凍する際に以下のパスワードが必要となります。なお、MacOSではダウンロード後の自動解凍ではエラーになりますので、ダウンロードフォルダを開いて、zipファイルをダブルクリックし、以下のパスワードを入力してください。

パスワード：9ｓｖ6ｍ8

HTML5プロフェッショナル認定資格と認定教材について

▶ HTML5技術者認定資格とは

特定非営利活動法人エルピーアイジャパン(LPI-Japan)が、HTML5、CSS3、JavaScriptなど最新のマークアップに関する技術力と知識を、公平かつ厳正に、中立的な立場で認定する資格制度です。

本認定制度には「レベル1」と「レベル2」の二つのレベルがあり、それぞれ下記のスキルを備えているプロフェッショナルであることを認定します。

レベル1: マルチデバイスに対応したWebコンテンツをHTML5を使ってデザイン・作成できる。

レベル2: 最新のAPIを駆使したWebアプリケーションを設計・開発できる。

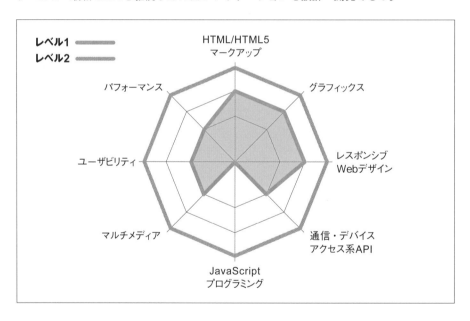

【 対応職種 】

「HTML5プロフェッショナル認定試験 レベル1」の対応職種は以下の通りです。

- Webデザイナー
- グラフィックデザイナー
- フロントエンドプログラマー
- HTMLコーダー
- Webディレクター
- Webシステム開発者
- スマートフォンアプリケーション開発者
- サーバサイドエンジニア

【試験体系 】

「HTML5プロフェッショナル認定試験 レベル1」では、HTML5、CSS3、レスポンシブWebデザインなど基礎的なマークアップ技術を対象範囲としています。

試験名	HTML5プロフェッショナル認定試験 レベル1
所要時間	90分（機密保持契約とアンケートの時間を含む）
試験問題数	約60問
受験料	16,500円（税別）
試験実施方式	コンピュータベーストテスト（CBT） マウスによる選択方式がほとんどですが、キーボード入力問題も多少出題されます。
日時・会場	全国各地の試験センターでの受験か、自宅や職場からのオンライン受験（OnVUE受験）のどちらかを選べます。また、予約の空いている日時を選べます。
合否結果	試験センターの場合は、試験終了と同時に分かります。オンライン試験（OnVUE試験）の場合は、試験終了後に規定のページにログインすることで確認できます。
認定の有意性の期限	5年間

▶ LPI-Japan HTML5認定教材のロゴの意味するもの

本教材が、2022年8月時点において、HTML5プロフェッショナル認定試験の出題範囲を網羅しているかどうかの基準を満たすことを示すものであり、LPI-Japanの出版物ではありません。
本教材の内容につきLPI-Japanが何ら保証をするものではありません。また本教材で学習することにより合格を保証するものではありません。

▶ LPI-Japan HTML5認定教材制度とは

HTML5プロフェッショナル認定試験の出題範囲を網羅した教材であるかをLPI-Japanが審査することによって、HTML5プロフェッショナル認定資格の取得を目指す受験者に質の高い教材を提供する制度です。

▶ 詳細情報

HTML5プロフェッショナル認定試験の詳細については下記URLを参照してください。
https://html5exam.jp

出題範囲と本書の構成について

以下に、HTML5プロフェッショナル認定資格 レベル1 の出題範囲と重要度、それに対応する本書の箇所をまとめています。

本書では、理解がしやすいと思われる順番に項目を並べることで、効率よく学習を進められるようにしています。

試験の出題範囲	重要度	本書での掲載箇所
1.1　Webの基礎知識		
1.1.1 HTTP, HTTPSプロトコル	8 ★★★★★★★★☆☆	5-1
1.1.2 HTMLの書式	9 ★★★★★★★★★☆	1-1〜1-4
1.1.3 Web関連技術の概要	6 ★★★★★★☆☆☆☆	5-2
1.2　CSS		
1.2.1 スタイルシートの基本	7 ★★★★★★★☆☆☆	2-1〜2-2
1.2.2 CSSデザイン	9 ★★★★★★★★★☆	2-4〜2-11
1.2.3 カスケード（優先順位）	2 ★★☆☆☆☆☆☆☆☆	2-3
1.3　要素		
1.3.1 要素と属性の意味（セマンティクス）	10 ★★★★★★★★★★	1-5〜1-12
1.3.2 メディア要素	6 ★★★★★★☆☆☆☆	1-9
1.3.3 インタラクティブ要素	7 ★★★★★★★☆☆☆	1-6、1-10、1-12
1.4　レスポンシブWebデザイン		
1.4.1 マルチデバイス対応	7 ★★★★★★★☆☆☆	3-1、3-3、3-4
1.4.2 メディアクエリ	5 ★★★★★☆☆☆☆☆	3-2
1.5　APIの基礎知識		
1.5.1 マルチメディア・グラフィックス系API概要	5 ★★★★★☆☆☆☆☆	4-1
1.5.2 デバイスアクセス系API概要	4 ★★★★☆☆☆☆☆☆	4-2
1.5.3 オフライン・ストレージ系API概要	4 ★★★★☆☆☆☆☆☆	4-3
1.5.4 通信系API概要	3 ★★★☆☆☆☆☆☆☆	4-4

※試験の出題範囲および重要度は、https://html5exam.jp/outline/objectives_lv1.htmlに掲載されているものです。
※「重要度」とは、試験における各分野における重要度の相対値で、おおよその問題比率となります。

HTML

1-1 HTMLの基礎知識

ここが重要！

▶ 要素の中には、タグを省略できるものがある

▶ 空要素は、<○○>と書いても<○○ />と書いてもOK

▶ DOCTYPE宣言の基本形は<!DOCTYPE html>だが、これ以外も指定可能

1-1 - 1 基本的な書式と各部の名称

HTMLは、テキストのコンテンツの各部分をタグで囲って、その部分が文書の構成要素として何であるのかを示すタイプの言語です。そのような文書内の各構成要素のことをHTMLでは**要素（Element）**と言い、要素の前につけるタグを**開始タグ（Start Tag）**、後につけるタグを**終了タグ（End Tag）**と言います。<○○○>の○○○の部分はタグ名または要素名と呼ばれ、終了タグの く とタグ名の間にはスラッシュ（/）が入ります。

図1-1-1：HTMLではタグで囲った範囲が要素となる

✓ 補足説明

HTMLの要素の中には、終了タグを省略できるものと、開始タグと終了タグの両方を省略できるものがあります。ただし、タグが省略可能な要素においても、実際にタグが省略できるかどうかは条件（要素やコメントの前後の配置関係など）によって異なります。

表1-1-1：タグの省略が可能な要素の一覧

要素名	html	head	body	li	dt	dd	p	rt	rp	optgroup
開始タグの省略	○	○	○							
終了タグの省略	○	○	○	○	○	○	○	○	○	○

要素名	option	colgroup	caption	thead	tbody	tfoot	tr	td	th
開始タグの省略		○			○				
終了タグの省略	○	○	○	○	○	○	○	○	○

要素の中には、タグで囲うコンテンツ（要素内容）がなく、その存在を開始タグだけで示す要素もあり、そのような要素は**空要素（Void Element）**と呼ばれています。空要素の例としては、img要素・br要素・input要素・meta要素・link要素などが挙げられます。**空要素には終了タグを指定できません**ので注意してください。

空要素のタグの＞の直前にはスラッシュ（ / ）を入れることもできます。さらにそのスラッシュの直前には空白文字も入れられます。

》使用例

```
<br>
<br />
```

要素の開始タグの要素名の後には、空白文字で区切って**属性（Attribute）**を指定することができます。属性は、基本的には◯◯◯="△△△" といった書式であらわされ、順不同で複数指定することができます。書式の◯◯◯の部分は**属性名（Attribute Name）**と言い、△△△の部分は**属性値（Attribute Value）**と言います。

仕様書に特に明記されている場合を除き、属性値として指定できる文字に制限はありません。値を指定せずに空にしておくこともできます。

図1-1-2：要素の開始タグには属性が指定できる

用語解説 》空白文字（ASCII whitespace）

半角スペース、タブ、改行（CR・LF・FFを含む）をまとめて空白文字と言います。

▼ 補足説明

属性を指定する際、「=」の前後には空白文字を入れることができ、属性値を囲う引用符（「"」または「'」）は省略することが可能です。

1-1
1-2
1-3
1-4
1-5
1-6
1-7
1-8
1-9
1-10
1-11
1-12

！ ここに注意

属性値を囲う引用符を省略できるのは、その文書がHTML構文で書かれていて、属性値に空白文字のほか「=」「"」「'」「<」「>」「`（グレーブ・アクセント）」を含んでいない場合に限ります。また、属性値が空の場合には省略はできません。

▼ 補足説明

現在のHTMLには2種類の文法があります。ひとつはMIMEタイプ「text/html」で配信するページ向けのHTML構文で、こちらがHTMLの基本となる文法です。
もうひとつはMIMEタイプ「text/xml」や「application/xml」などで配信するページ向けのXML構文で、この場合はXMLの仕様に従うことになります。

1-1 - 2 HTMLの全体構造

HTML文書の先頭には、**DOCTYPE宣言**（文書型宣言）を配置する必要があります。DOCTYPE宣言のあとには**html要素**を配置し、その中に**head要素**と**body要素**を順にひとつずつ配置します。
head要素にはその文書自身に関する情報を示す要素を入れ、body要素内にはブラウザで表示させるコンテンツとなる要素を入れます。文書のタイトルを示すtitle要素は、head要素の中に必ずひとつ入れる必要があります（ただし例外もあります）。

図**1-1-3**：HTMLの基本となる大枠の構造

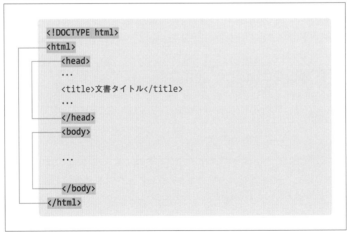

```
<!DOCTYPE html>
<html>
    <head>
    ...
    <title>文書タイトル</title>
    ...
    </head>
    <body>

    ...

    </body>
</html>
```

> ▼ **補足説明**
>
> より厳密に言うと、HTML文書の先頭にはオプションでBOM（バイトオーダーマーク）を入れることができ、DOCTYPE宣言とhtml要素の前後にはコメントと空白文字を入れることができます。

1-1 - ③ DOCTYPE宣言

実際のところ、現在のHTMLにはDOCTYPE宣言は不要なのですが、**ブラウザの表示モードを「標準モード」にする目的で指定**することになっています。

> ▼ **補足説明**
>
> 現在普及しているブラウザのほとんどは、HTMLの文法が無視されていた古い時代（テーブルレイアウト時代）のページを表示させるための「後方互換モード」と、HTMLの標準仕様に準拠したページを表示させるための「標準モード」というふたつの表示モードを持っています。「後方互換モード」は昔のブラウザの独自仕様に合わせた表示をするモードでもあるため、現在のHTMLの文法に沿って書かれた文書を正しく表示させることができません。
>
> これらのモードはDOCTYPE宣言がどのように書かれているかによって自動的に切り替えられるのですが、DOCTYPE宣言が書かれていない場合、現在のブラウザは無条件に「後方互換モード」にしてしまいます。それを避ける目的で、HTML5以降では必要最低限の短いDOCTYPE宣言を配置することになっています。

HTML5以降の基本となるDOCTYPE宣言は\<!DOCTYPE html\>です。**DOCTYPE宣言は大文字で書いても小文字で書いてもかまいません。**
\<!DOCTYPE HTML\>と書いても\<!doctype html\>と書いてもＯＫです。

> ！ **ここに注意**
>
> \<!DOCTYPE html\>のhtmlの前後には空白文字を入れることができますが、\<!DOCTYPE の部分はそのまま続けて書く必要がありますので注意してください。

▼ 補足説明

古いオーサリングツールの中には、HTML5以降の極端に短いDOCTYPE宣言（`<!DOCTYPE html>`）を出力できないものもあります。そのため、DOCTYPE宣言は次のように書くこともできる仕様となっています。

```
<!DOCTYPE html SYSTEM "about:legacy-compat">
```

1-1 - 4　文字参照

HTML文書においては、< と > はタグの一部であると認識されるため、コンテンツの一部としてソースコード中にそのまま書き入れることはできません。このように、特別な役割を持った文字（または環境によってはキーボードからの入力が難しい文字など）をコンテンツの一部として表示させるためには、その文字を直接書き込むのではなく、**文字参照**という特別な書式を使用します。

文字参照の書式には、「**名前文字参照**」「**10進数数値文字参照**」「**16進数数値文字参照**」という3種類があります。いずれの書式でも、&で開始し ; で終了する **&○○○;** といったパターンで記述します。「名前文字参照」の場合は、○○○の部分にその文字を示す簡易的な名前が入り、「10進数数値文字参照」の場合は○○○の部分に # に続けてUnicodeの文字コード番号を10進数で指定します。「16進数数値文字参照」の場合は○○○の部分にまず #x または #X と記入し、それに続けてUnicodeの文字コード番号を16進数で指定します。

表1-1-2：「名前文字参照」「10進数数値文字参照」「16進数数値文字参照」の記述例

表示させる文字	名前文字参照	10進数数値文字参照	16進数数値文字参照
<	`&lt;`	`&#60;`	`&#x3C;`
>	`&gt;`	`&#62;`	`&#x3E;`
&	`&amp;`	`&#38;`	`&#x26;`
©	`&copy;`	`&#169;`	`&#xA9;`
®	`&reg;`	`&#174;`	`&#xAE;`
¥	`&yen;`	`&#165;`	`&#xA5;`
※その位置では行を折り返さない半角スペース	` `	` `	` `

▼ 補足説明

< を示す名前文字参照 `&lt;` の lt は、less than（より小さい）の略です。同様に、> を示す名前文字参照 `&gt;` の gt は、greater than（より大きい）の略です。

1-1 - 5 コメント

コメントとは、ソースコードの中に書き込んでおくことのできるメモのようなもので、ソースコードを直接表示させない限り画面に表示されることはありません。**<!--** と **-->** で囲んだ範囲がHTMLのコメントとなります。

》使用例 1

```
<!--コメント-->
```

》使用例 2

```
<!--
コメント
-->
```

! ここに注意

<!-- と --> の間に書き入れるテキストには次の制約があります。

・「>」または「->」で開始することはできない

・「<!--」「-->」「--!」を含むことはできない

・「<!-」で終了することはできない

古いHTMLではコメント内に「--」を含むことはできませんでしたが、現在のHTMLのHTML構文にはそのような制約はありません。

1-2 HTMLの要素とカテゴリー

ここが重要!

▶ **HTML5以降には、ブロックレベル要素・インライン要素という分類はない**

▶ **HTML5以降の要素には、7種類のカテゴリーがある**

▶ **親要素のコンテンツ・モデルと同じになるのがトランスペアレント**

1-2 - 1 HTML5以降の要素の種類

HTML5よりも前のHTML/XHTMLでは、要素は大きく**インライン要素**と**ブロックレベル要素**の2種類に分類されていました。インライン要素とは、**文章の一部分として含むことのできる要素**のことで、その**インライン要素のまとまった単位**をブロックレベル要素と言います。たとえば、文章の一部を強調するem要素はインライン要素で、そのようなインライン要素を含むp要素はブロックレベル要素です。インライン要素は、その前後が改行されることなく前後のテキストとつながって同じ行に表示されますが、ブロックレベル要素は新しい行から表示され、あとに続く要素も新しい行から表示されます（もちろんこのような表示方法はCSSで変更可能です）。

HTML5からは、このインラインかブロックレベルかという要素の大きな分類は廃止され、図1-2-1のような関連性を持つ7つのカテゴリーが定義されています。

HTML5よりも前のHTML/XHTMLの正式な文法（Strict）では、ブロックレベル要素以外の要素をbody要素の直下に配置することは基本的にできませんでした。しかし、HTML5以降ではブロックレベルかどうかという分類はなくなり、**従来のインライン要素に該当する要素でも、body要素の直下に配置できる**ようになっています（これはHTML4.01やXHTML1.0のStrictよりもTransitionalに近い文法です）。なお、インライン要素という分類は、HTML5以降のフレージングコンテンツ（Phrasing content）とほぼ同じです。

また、HTML5以降では親要素のコンテンツ・モデルがそのまま自分のコンテンツ・モデルになる特別な要素が定義されており、そのような性質はトランスペアレントと呼ばれています。代表的なものでは、a要素、ins要素、del要素などがトランスペアレントです。

図**1-2-1**：HTML5以降の要素のカテゴリー

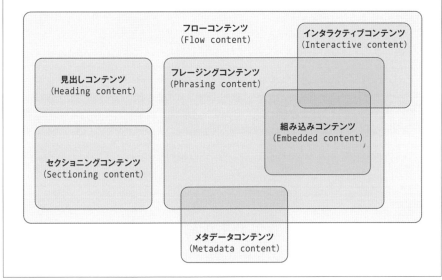

多くの要素は複数のカテゴリーに該当するが、どれにも該当しない要素もある

用語解説 ＞ コンテンツ・モデル（Content Model）

HTMLでは、内容として入れられるコンテンツが要素ごとに決められており、それをコンテンツ・モデルと呼んでいます。コンテンツ・モデルで定義されているのは、孫やひ孫となる要素も含む内容全体ではなく、基本的にはその要素の内容として直接入れられる子要素だけです。ただし、子要素に関する言及が含まれている場合もあります。本書では、特殊なコンテンツ・モデルを持つ要素については各要素の解説ページで説明を加えていますが、一般的なコンテンツ・モデルの要素については、巻末付録の「HTMLの要素の配置ルール（p.300）」にまとめて掲載してあります。

用語解説 ＞ トランスペアレント（Transparent）

トランスペアレントとは英語で「透明な」「透過的な」という意味で、コンテンツ・モデル上、透明なもののように（その要素のタグが存在しないかのように）扱われるものを特にトランスペアレントと呼んでいます。トランスペアレントの要素のコンテンツ・モデルはその親要素とまったく同じになります。コンテンツとして親要素に入れられる要素であれば、それはそのまま自分の内容として入れることができます。別の言い方をすれば、トランスペアレントの要素のタグをつけない状態でそこにあっても問題のない要素であれば、トランスペアレントの要素のタグで囲うことができる、ということになります。トランスペアレントとして定義されているのは次の要素です。

- a要素
- ins要素
- del要素
- object要素
- audio要素
- video要素
- canvas要素
- map要素
- slot要素
- noscript要素

> ▼ 補足説明
>
> HTML5の登場によって、インラインとブロックレベルという分類が完全に不要になったわけではありません。CSSの一部では、この分類が現在でも使用されています。

1-2 - 2 HTMLの全要素

HTML5以降の各カテゴリーに具体的にどの要素が該当するのかを確認する前に、現在のHTML（HTML Living Standard）ではどのような要素が定義されているのかをざっと確認しておきましょう（各要素の詳しい説明はこのあとに掲載されています）。

表1-2-1a：HTML全要素一覧（1）

要素名	あらわすもの・機能
a	リンク
abbr	略語
address	問い合わせ先
area	イメージマップのリンクにする領域を定義
article	完結している1つの記事のセクション
aside	補足記事や広告のような主内容ではないセクション
audio	音声データの再生
b	注目してほしいキーワードや製品名など
base	相対パスの基準とするURL
bdi	文字表記の方向の影響を周囲に与えない範囲
bdo	文字表記の方向を明示的に設定している範囲
blockquote	引用されたコンテンツ（ブロックレベル）
body	HTML文書のコンテンツを入れる要素
br	改行（詩や住所の表記などで使用）
button	要素内容をラベルとして表示するボタン
canvas	スクリプトによるビットマップの動的グラフィック
caption	表のキャプション
cite	作品のタイトル
code	コンピュータが認識可能なソースコード、要素名、ファイル名など
col	表の縦列
colgroup	表の縦列のグループ
data	要素内容の機械可読な値がvalue属性に指定されている要素

要素名	あらわすもの・機能
datalist	input要素で使用する入力候補のリスト（サジェスト機能）
dd	dl要素内の「説明文」部分
del	あとから削除された部分
details	詳細情報を折りたたんで表示・非表示を切り替えられる要素
dfn	定義の対象となっている用語
dialog	ダイアログボックス（インスペクタやウィンドウとしても使用化）
div	汎用ブロックレベル要素／dt要素とdd要素のグループ化
dl	「用語」と「説明文」が対になったリスト
dt	dl要素内の「用語」部分
em	強調している部分
embed	プラグインによる外部データの組み込み
fieldset	フォーム部品のグループ
figcaption	図版（figure要素）のキャプション
figure	図版
footer	フッター
form	フォーム
h1	セクションの見出し（1階層目）
h2	セクションの見出し（2階層目）
h3	セクションの見出し（3階層目）
h4	セクションの見出し（4階層目）
h5	セクションの見出し（5階層目）
h6	セクションの見出し（6階層目）
head	HTML文書のメタデータを入れる要素
header	ヘッダー

次ページに続く

表1-2-1b：HTML全要素一覧（2）

要素名	あらわすもの・機能
hgroup	副題やサブタイトルなどをあらわすp要素と見出しをグループ化
hr	段落レベルでの主題の変わり目
html	HTML文書のすべての要素を含む要素（ルート要素）
i	他とは性質の異なるテキストの範囲（学名など）
iframe	インラインフレーム
img	画像
input	フォームの様々な基本部品になる要素
ins	あとから追加された部分
kbd	ユーザーが入力するデータ
label	フォーム部品とテキストを関連づける
legend	フォーム部品のグループ（fieldset要素）のキャプション
li	リスト内の1つの項目
link	HTML文書と外部ファイルを関連づける
main	メインコンテンツ
map	イメージマップを定義する
mark	（マーカーで線を引くのと同様の意図で）目立たせている部分
menu	ツールバー
meta	メタデータ
meter	メーター（特定の範囲内での位置を示す）
nav	主要なナビゲーションのセクション
noscript	スクリプトが動作しない環境向けの内容
object	さまざまな形式外部リソースの組込み
ol	連番付きのリスト
optgroup	option要素のグループ
option	select要素またはdatalist要素の選択肢
output	計算結果を出力するためのフォーム部品
p	段落
picture	複数の候補画像の中から条件に合った画像を表示させる
pre	整形済みテキスト
progress	プログレスバー（処理の進み具合を示す）
q	引用されたコンテンツ（インライン）
rp	ルビに未対応の環境で使用するカッコ
rt	ルビとして表示させるテキスト
ruby	ルビを振った部分（rt要素とrp要素の親要素として使用）

要素名	あらわすもの・機能
s	正しい情報ではなくなった部分や関係なくなった部分
samp	コンピュータの出力のサンプル
script	スクリプト
section	一般的なセクション
select	選択肢の中から選ぶ形式のフォーム部品
slot	シャドウツリーの外部から内部に要素を入れられるようにする
small	一般的に小さな文字であらわされる注記（著作権表記や注意事項など）
source	画像・動画・音声の候補データ（複数の候補データを指定可）
span	汎用インライン要素
strong	重要な部分
style	要素内容としてCSSを書き込める要素
sub	下付き文字
summary	details要素の見出し
sup	上付き文字
table	表
tbody	表の本体部分の横列のグループ
td	表のセル（データ用）
template	内容をスクリプトで生成する部分
textarea	複数行のテキスト入力欄
tfoot	表のフッターとなっている横列のグループ
th	表のセル（見出し用）
thead	表のヘッダーとなっている横列のグループ
time	要素内容である日付・時刻が機械可読である要素
title	HTML文書のタイトル
tr	表の横一列
track	映像と同期して表示される外部字幕データを指定する
u	中国語の固有名詞やスペルミスの箇所など
ul	箇条書き形式のリスト
var	変数
video	動画データの再生
wbr	英単語などの途中で行を折り返してもよい位置

1-1
1-2
1-3
1-4
1-5
1-6
1-7
1-8
1-9
1-10
1-11
1-12

1-2 - 3 各カテゴリーに含まれる要素

HTMLの全要素がおおまかに把握できたところで、各カテゴリーにどの要素が該当しているのかを確認してみましょう。

以下に掲載している表で、背景に色のついている要素が各カテゴリーに該当する要素です。

表 1-2-2：フローコンテンツ（Flow content）

a	datalist	i	output	sup
abbr	dd	iframe	p	table
address	del	img	picture	tbody
area	details	input	pre	td
article	dfn	ins	progress	template
aside	dialog	kbd	q	textarea
audio	div	label	rp	tfoot
b	dl	legend	rt	th
base	dt	li	ruby	thead
bdi	em	link	s	time
bdo	embed	main	samp	title
blockquote	fieldset	map	script	tr
body	figcaption	mark	section	track
br	figure	menu	select	u
button	footer	meta	slot	ul
canvas	form	meter	small	var
caption	h1～h6	nav	source	video
cite	head	noscript	span	wbr
code	header	object	strong	テキスト
col	hgroup	ol	style	
colgroup	hr	optgroup	sub	
data	html	option	summary	

※ area要素は、map要素に含まれている場合のみ該当
※ link要素はCSSの読み込みでbody要素内に配置されている場合のみ該当
※ meta要素はitemprop属性が指定されている場合のみ該当

✓ 補足説明

フローコンテンツ（Flow content）については、「どの要素が該当しているのか」ということよりも、「どの要素が該当していないのか」に着目して見ると、どういう種類なのかが理解できます。おおまかに言えば、「特定の要素内の特定の位置にしか配置できない」というような制限がなく、body要素内の自由な場所に配置できる要素がフローコンテンツです。

表 **1-2-3**：見出しコンテンツ（Heading content）

a	datalist	i	output	sup
abbr	dd	iframe	p	table
address	del	img	picture	tbody
area	details	input	pre	td
article	dfn	ins	progress	template
aside	dialog	kbd	q	textarea
audio	div	label	rp	tfoot
b	dl	legend	rt	th
base	dt	li	ruby	thead
bdi	em	link	s	time
bdo	embed	main	samp	title
blockquote	fieldset	map	script	tr
body	figcaption	mark	section	track
br	figure	menu	select	u
button	footer	meta	slot	ul
canvas	form	meter	small	var
caption	h1〜h6	nav	source	video
cite	head	noscript	span	wbr
code	header	object	strong	テキスト
col	hgroup	ol	style	
colgroup	hr	optgroup	sub	
data	html	option	summary	

表 **1-2-4**：セクショニングコンテンツ（Sectioning content）

a	datalist	i	output	sup
abbr	dd	iframe	p	table
address	del	img	picture	tbody
area	details	input	pre	td
article	dfn	ins	progress	template
aside	dialog	kbd	q	textarea
audio	div	label	rp	tfoot
b	dl	legend	rt	th
base	dt	li	ruby	thead
bdi	em	link	s	time
bdo	embed	main	samp	title
blockquote	fieldset	map	script	tr
body	figcaption	mark	section	track
br	figure	menu	select	u
button	footer	meta	slot	ul
canvas	form	meter	small	var
caption	h1〜h6	nav	source	video
cite	head	noscript	span	wbr
code	header	object	strong	テキスト
col	hgroup	ol	style	
colgroup	hr	optgroup	sub	
data	html	option	summary	

表 **1-2-5**：フレージングコンテンツ（Phrasing content）

a	datalist	i	output	sup
abbr	dd	iframe	p	table
address	del	img	picture	tbody
area	details	input	pre	td
article	dfn	ins	progress	template
aside	dialog	kbd	q	textarea
audio	div	label	rp	tfoot
b	dl	legend	rt	th
base	dt	li	ruby	thead
bdi	em	link	s	time
bdo	embed	main	samp	title
blockquote	fieldset	map	script	tr
body	figcaption	mark	section	track
br	figure	menu	select	u
button	footer	meta	slot	ul
canvas	form	meter	small	var
caption	h1〜h6	nav	source	video
cite	head	noscript	span	wbr
code	header	object	strong	テキスト
col	hgroup	ol	style	
colgroup	hr	optgroup	sub	
data	html	option	summary	

※ area 要素は map 要素に含まれている場合のみ該当
※ link 要素は CSS の読み込みで body 要素内に配置されている場合のみ該当
※ meta 要素は itemprop 属性が指定されている場合のみ該当

表 **1-2-6**：組み込みコンテンツ（Embedded content）

a	datalist	i	output	sup
abbr	dd	iframe	p	table
address	del	img	picture	tbody
area	details	input	pre	td
article	dfn	ins	progress	template
aside	dialog	kbd	q	textarea
audio	div	label	rp	tfoot
b	dl	legend	rt	th
base	dt	li	ruby	thead
bdi	em	link	s	time
bdo	embed	main	samp	title
blockquote	fieldset	map	script	tr
body	figcaption	mark	section	track
br	figure	menu	select	u
button	footer	meta	slot	ul
canvas	form	meter	small	var
caption	h1〜h6	nav	source	video
cite	head	noscript	span	wbr
code	header	object	strong	テキスト
col	hgroup	ol	style	
colgroup	hr	optgroup	sub	
data	html	option	summary	

表1-2-7：インタラクティブコンテンツ（Interactive content）

a	datalist	i	output	sup
abbr	dd	iframe	p	table
address	del	img	picture	tbody
area	details	input	pre	td
article	dfn	ins	progress	template
aside	dialog	kbd	q	textarea
audio	div	label	rp	tfoot
b	dl	legend	rt	th
base	dt	li	ruby	thead
bdi	em	link	s	time
bdo	embed	main	samp	title
blockquote	fieldset	map	script	tr
body	figcaption	mark	section	track
br	figure	menu	select	u
button	footer	meta	slot	ul
canvas	form	meter	small	var
caption	h1～h6	nav	source	video
cite	head	noscript	span	wbr
code	header	object	strong	テキスト
col	hgroup	ol	style	
colgroup	hr	optgroup	sub	
data	html	option	summary	

※a要素はhref属性が指定されている場合のみ該当
※audio要素とvideo要素はcontrols属性が指定されている場合のみ該当
※img要素はusemap属性が指定されている場合のみ該当
※input要素はtype属性の値が「hidden」以外の場合のみ該当

表1-2-8：メタデータコンテンツ（Metadata content）

a	datalist	i	output	sup
abbr	dd	iframe	p	table
address	del	img	picture	tbody
area	details	input	pre	td
article	dfn	ins	progress	template
aside	dialog	kbd	q	textarea
audio	div	label	rp	tfoot
b	dl	legend	rt	th
base	dt	li	ruby	thead
bdi	em	link	s	time
bdo	embed	main	samp	title
blockquote	fieldset	map	script	tr
body	figcaption	mark	section	track
br	figure	menu	select	u
button	footer	meta	slot	ul
canvas	form	meter	small	var
caption	h1～h6	nav	source	video
cite	head	noscript	span	wbr
code	header	object	strong	テキスト
col	hgroup	ol	style	
colgroup	hr	optgroup	sub	
data	html	option	summary	

1-3 グローバル属性

ここが重要!

▶ **class属性の値には、種類や分類を示す名前を指定する**

▶ **id属性の値には、他の要素と重複しない固有の名前を指定する**

▶ **HTML5以降では、data-○○○の書式で独自の属性を追加できる**

1-3-1 グローバル属性とは

すべての要素に共通して指定できる属性のことをグローバル属性と言い、HTML Living Standardでは次の表に示した26種類が定義されています。

表 **1-3-1**：HTML Living Standardで定義されているグローバル属性

属性名	値の示すもの	指定可能な値
class	種類をあらわす名前	テキスト（空白文字で区切って複数の名前を指定可）
id	固有の名前	テキスト（空白文字を含むことはできず、必ず1文字以上必要）
lang	言語（日本語や英語など）の種類	BCP47言語タグ（ja, enなど）
title	補足情報	テキスト
style	スタイルシート（CSS）	CSSの宣言（セレクタと { } を除く「プロパティ：値;」の部分）
hidden	要素を表示しない	※列挙属性 hidden="hidden" または hidden="until-found"
tabindex	タブキーによる移動の順序（フォーカスを可能にする）	整数
accesskey	キーボード・ショートカット	1つの文字（空白文字で区切って複数の文字を指定可）
autofocus	開くと同時にフォーカスする	※論理属性（属性名だけで指定可）
inputmode	入力モード	※列挙属性 inputmode="none" のほか text, tel, url, email, numeric, decimal, search が指定可能
autocapitalize	アルファベットの大文字化の種類	※列挙属性 autocapitalize="on" のほか off, none, sentences, words, characters が指定可能

enterkeyhint	仮想キーボードのEnterキーのラベル（アイコン）	※列挙属性 enterkeyhint="enter" のほか done, go, next, previous, search, send が指定可能
spellcheck	スペルおよび文法チェックの有効／無効	※列挙属性 spellcheck="true" 　または spellcheck="false"
translate	ローカライズの際に翻訳すべきかどうか	※列挙属性 translate="yes" 　または translate="no"
contenteditable	要素内容を編集可能にするかどうか	※列挙属性 contenteditable="true" 　または contenteditable="false"
draggable	ドラッグが可能かどうか	※列挙属性 draggable ="true" 　または draggable ="false"
inert	不活性化する	※論理属性（属性名だけで指定可）
nonce	Content Security Policy によるセキュリティ対策で使うノンス	テキスト
slot	割り当てるslot要素のname属性の値	テキスト
is	カスタム要素の名前	テキスト
dir	文字表記の方向	※列挙属性 dir="ltr" 　または dir="rtl" 　または dir="auto"
itemscope	要素内容にMicrodataを含んでいるかどうか	※論理属性（属性名だけで指定可）
itemtype	Microdataのプロパティ名が定義されているURL	URL文字列（空白文字で区切って複数指定可）
itemprop	Microdataのプロパティ名	テキスト（空白文字で区切って複数指定可）
itemid	MicrodataのグローバルX別子であるURL	URL文字列
itemref	関連付けるMicrodataのid属性の値	テキスト（空白文字で区切って複数指定可）

用語解説 ▶ カスタム要素（Custom Element）

JacaScriptを使用することでHTMLに追加可能な独自の要素のことをカスタム要素と言います。カスタム要素には、既存の要素をカスタマイズして作成する「カスタマイズドビルトイン要素（Customized Built-in Element）」と、まったく新規に作成する「自律カスタム要素（Autonomous Custom Element）」の2種類があります。

用語解説 ▶ 列挙属性／列挙型属性（Enumerated Attribute）

あらかじめ決められたキーワードの中から値を選択する方式の属性のことを「列挙属性」または「列挙型属性」と言います。キーワードは大文字で書いても小文字で書いても文法的には問題ありません。

　列挙属性の中には値として空文字を指定できるものもあり、「translate=""」を指定すると

「translate="yes"」と同じ結果になります。同様に、「spellcheck=""」は「spellcheck ="true"」、「contenteditable=""」は「contenteditable="true"」、「hidden=""」は「hidden="hidden"」と同じ結果になります。

用語解説 ▶ 論理属性／論理型属性（Boolean Attribute）

通常、HTMLの属性は「属性名="値"」の書式で指定しますが、「属性名」だけで指定できる属性があり、そのような属性のことを「論理属性」または「論理型属性」と言います。
論理属性は、属性を指定すると値が「true（真）」になり、指定していないと「false（偽）」の状態となります（trueは○、falseは×のような意味だと考えるとわかりやすいかもしれません）。
たとえば、「autofocus」は「自動的にフォーカスする」という意味ですので、指定すると「自動的にフォーカスする」が真（つまり○）になって自動的にフォーカスされるようになる、というわけです。。ひとことで言えば、「属性名だけで指定すると、その属性名のとおりになる属性」が論理属性です。

! ここに注意

論理属性には値を指定することもできます。その場合は、「属性名=""」のように値を空にするか、「属性名="属性名"」のように指定する必要があります。
autofocus属性を例にすると、「autofocus=""」または「autofocus="autofocus"」のいずれかでも指定可能ということです。ただし、列挙属性のように「autofocus="true"」や「autofocus="false"」のようには指定できませんので注意してください。

✓ 補足説明

HTML5よりも前のHTML/XHTMLにも「ほとんどの要素に指定可能」な属性はありましたが、HTML5のグローバル属性のように「すべての要素に指定可能」とは定義されていませんでした（指定できない要素が一部ありました）。

1-3 - **2** class属性

class属性は、それを指定した**要素が属する種類・分類を示すための属性**です。種類・分類を示す名前は、空白文字で区切って複数指定できます。空白文字は、連続して複数個を入れても問題ありません。また、値全体の前後に空白文字が入っていても問題ありません。

≫ 使用例

```
<aside class="advertising large vertical">
...
</aside>
```

1-3 - **3** id属性

id属性は、それを指定した**要素に固有の名前をつけるための属性**です。固有の名前ですので、同じページ内の他のid属性に同じ値を指定することはできません（class属性にはこのような制限はなく、複数の要素に対して同じ値を指定できます）。

id属性は、ページ内の特定の場所（要素）にリンクさせたい場合や、JavaScriptやCSSの指定で、特定の1つの要素を対象としたい場合などに使用されます。

≫ 使用例

```
<ul id="navlist">
...
</ul>
```

！ ここに注意

class属性とは異なり、id属性の値には空白文字を含むことができない点に注意してください。また、class属性の値は空でもかまいませんが、id属性の値には必ず1文字以上を入れる必要があります。

▼ 補足説明

空白文字が使用できない点をのぞけば、id属性の値に指定できる文字には特に制限はなく、アンダースコア（_）や数字を値の先頭に使用することもできますし、値全体が数字や記号だけで構成されていてもOKです。

1-3 - 4 lang属性

lang属性は、要素内容と属性値の**言語の種類を示す属性**です。値には、BCP47という仕様で定義されている言語タグを使用します。たとえば、日本語であれば「ja」、英語であれば「en」、アメリカ英語であれば「en-US」を指定します。

文書全体の言語がわかるようにするために、html要素にはlang属性を指定して言語の種類を示すことが推奨されています。

>> **使用例**

```
<!DOCTYPE html>
<html lang="ja">
...
</html>
```

1-3 - 5 title属性

title属性は、その要素に関連する**補助的な案内や助言的な情報を提供するための属性**です。一般的なパソコン環境のブラウザでは、ツールチップで表示されます。

1-3 - 6 dir属性

dir属性は、要素内容の**テキストを表記する方向を示す属性**です。値として用意されているキーワードの「ltr」は「left-to-right（左から右へ）」の略で、「rtl」は「right-to-left（右から左へ）」の略です。

1-3 - 7 tabindex属性

tabindex属性は、**指定した要素のフォーカスを可能にして、タブキーによる移動の順序も設定できる属性**です。値には整数が指定できますが、0以上を指定するとクリックでもタブキーでもフォーカスできるようになり、負の値を指定するとクリックではフォーカスできるけれどもタブキーではそこに移動できなくなります。タブキーによる移動の順序を設定

するには、1以上の整数を指定します（ソースコード上の順番に関係なく、値の小さいものから大きいものへと移動するようになります）。値に0を指定すると、移動順を変更することなく（ソースコード上に登場する自然な順序のまま）フォーカスされるようになります。

1-3 - 8 カスタムデータ（data-*）属性

カスタムデータ属性とは、使用するのに適当な属性や要素がない場合に、**任意の要素に独自の属性を追加できる**ように用意されたものです（値は自由に設定でき、1つの要素にいくつでも指定できます）。ただし、**属性名は必ず「data-」という文字列で開始**し、そのあとに少なくとも1文字以上を続けなければなりません。また、属性名の中にアルファベットの大文字を含むことはできません。

カスタムデータ属性はサイト内部で利用するために用意された属性であり、サイトとは無関係の外部のソフトウェアから利用するためのものではない点に注意してください。

≫ 使用例

```
<ul>
  <li data-music-time="02m46s">HTML5試験レベル1のテーマ曲</li>
  <li data-music-time="03m05s">HTML5試験レベル2のテーマ曲</li>
  <li data-music-time="05m37s">アカデミック認定校のバラード</li>
</ul>
```

1-4 全体構造とメタ情報

ここが重要!

▶ **title要素は無くてもよいケースがある**

▶ **meta要素のcharset属性にはUTF-8しか指定できない**

▶ **link要素で外部スタイルシートを読み込む際のtype属性のデフォルト値は「text/css」**

1-4 - 1 html要素

html要素は、**HTML文書のルート**（DOMツリーの頂点／要素全体の先祖）となる要素です。すべての要素は、この要素の中に記述します。

html要素には、グローバル属性である**lang属性を指定してその文書で使用されている言語の種類を示す**ことが推奨されています。

>> 使用例

```
<!DOCTYPE html>
<html lang="ja">
<head>
...
</head>
<body>
...
</body>
</html>
```

✓ 補足説明

html要素の開始タグはhtml要素内の先頭にコメントが入れられていなければ省略可能、終了タグはその直後にコメントがなければ省略可能となっています。

! ここに注意

HTML5以降にはHTML構文とXML構文がありますが、タグの省略が可能なのはHTML構文だけです。

1-4 - 2 head要素

head要素は、**HTML文書のメタデータコンテンツ（Metadata content）を入れるための要素**です。

通常のHTML文書の場合、head要素内には**title要素を1つ入れる**必要があります。base要素は入れても入れなくてもかまいませんが、1つまでしか入れられません。

> **! ここに注意**
>
> iframe要素のsrcdoc属性（p.120参照）で指定されているHTML文書である場合、または上位のプロトコルでタイトルの情報が得られる場合に限り、title要素は省略することが可能です。

> **✔ 補足説明**
>
> head要素の開始タグは、要素内の最初にあるものが要素であるか、または要素内容が空である場合に省略可能です。head要素の終了タグは、直後にコメントまたは空白文字が入っていなければ省略可能です。

1-4 - 3 body要素

body要素は、**HTML文書のコンテンツを入れるための要素**です。

> **✔ 補足説明**
>
> body要素の開始タグは、要素内の先頭が次のものでない場合に省略できます。
>
> ・コメント　・空白文字　・meta要素　・link要素　・script要素　・style要素
> ・template要素
>
> また、開始タグは、body要素の要素内容が空である場合にも省略できます。終了タグは、直後にコメントが入っていなければ省略可能です。

1-4 - 4 title要素

title要素は、それが**HTML文書のタイトルまたは名前**であることを示す要素です。必ず

head要素の中で使用します。要素内容として入れられるのはテキストだけです。

> **! ここに注意**
>
> title要素は、1つのHTML文書につき1つしか配置できない点に注意してください。

> **▼ 補足説明**
>
> 一般に、HTML文書のタイトルとページ全体に対する見出しの内容はほぼ同じになりますが、タイトルには多少の補足が必要となります。見出しはそれだけが抜き出されて単独で使用されることは基本的にありませんが、title要素の内容は**検索結果の一覧やブラウザの履歴、ブックマーク（お気に入り）などで単独で使用される**ことがあるためです。たとえば、h1要素の内容は常にページ内のその他のコンテンツと一緒に閲覧されるので「会社概要」でOKですが、title要素の内容はそれだけが単独で表示されることもあるので「会社概要｜マイナビ」のように補足する必要があります。

≫ 使用例

```
<!DOCTYPE html>
<html lang="ja">
<head>
<title>会社概要 ｜ マイナビ</title>
</head>
<body>
...
<h1>会社概要</h1>
...
</body>
</html>
```

1-4 - 5 meta要素

meta要素は、他のメタデータコンテンツ（Metadata content）ではあらわせない**様々な種類の**メタデータを指定できる空要素です。配置できる場所については、p.300を参照してください。

> **用語解説 ＞メタデータ**
>
> メタデータとは、あるデータに関するデータのことを指す一般的な用語で、HTML文書でいうと「HTML文書自身に関する情報」のことです。HTMLのhead要素内に入れられる要素は、基本的にすべてメタデータであると言えます。

meta要素には、charset属性・name属性・http-equiv属性・itemprop属性のうちのどれか1つを必ず指定する必要があります。charset属性は文字コード（エンコーディング）を宣言する場合に使用します。name属性とhttp-equiv属性は常にcontent属性とセットで使用し、name属性は文書に関するメタデータ、http-equiv属性は**プラグマディレクティブ**となります。

表1-4-1：meta要素に指定できる属性

属性名	値の示すもの	指定可能な値
charset	文書の文字コード	UTF-8（大文字でも小文字でも可）
name	メタデータの名前	テキスト
http-equiv	プラグマディレクティブ	テキスト（content-type, default-style, refreshなど）
content	メタ情報の値	テキスト

! ここに注意

HTML Living Standard では、HTML文書の文字コードは必ず「UTF-8」にする必要があり、charset属性に指定できる値も「UTF-8」のみとされています。文字コードは大文字で書いても小文字で書いてもかまいません。

用語解説 ▶ プラグマディレクティブ／プラグマ指示子

プラグマディレクティブとは、HTML文書の状態や挙動を指示する命令のことです。たとえば、ブラウザへの再読み込みや他文書への移動の命令、デフォルトのスタイルシート言語やスクリプト言語の設定、文字コードの宣言（HTML5より前の指定方法）などがこれに該当します。meta要素にhttp-equiv属性が指定されているとき、そのmeta要素はプラグマディレクティブとなります。

≫ 使用例

```
<head>
<meta charset="UTF-8">
<title>meta要素の使用例</title>
<meta name="author" content="大藤 幹">
<meta name="description" content="meta要素のサンプルソースです。">
<meta name="keywords" content="meta, メタデータ, プラグマディレクティブ">
<meta http-equiv="refresh" content="10; URL=page2.html">  <!-- 10秒後にpage2.htmlに移動 -->
...
</head>
```

1-4 - 6 link要素

link要素は、**HTML文書と別の文書やファイルなどを関連づける**ための空要素です。

表 1-4-2：link要素に指定できる主な属性

属性名	値の示すもの	指定可能な値
href	関連を示す文書やファイルのアドレス	URL（空文字は不可）
rel	元文書との関係（元文書から見て、先方の文書またはファイルは何か）	キーワード（空白文字区切り）
media	先方のファイル（CSSなど）を適用するメディア	メディアクエリ
hreflang	先方の言語（日本語や英語など）の種類	言語コード（ja, enなど）
type	先方のMIMEタイプ	MIMEタイプ
sizes	rel="icon"の場合のアイコンのサイズ	「32x32」のような「幅×高さ」の書式のテキストまたは「any」
crossorigin	元文書とは異なるオリジンからデータを取得する際の認証に関する設定	crossorigin="anonymous" または crossorigin="use-credentials"

rel属性に指定できるキーワードは次のとおりです。この属性はa要素とarea要素でも指定できますが、指定可能なキーワードは要素によって異なっています。キーワードは大文字で指定しても小文字で指定してもかまいません。

表 1-4-3：rel属性に指定できる主なキーワード（link要素・a要素・area要素共通）

キーワード	link要素	a要素	area要素	キーワードの意味
alternate	○	○	○	代替文書（別言語の翻訳版など）
author	○	○	○	執筆者に関する情報
bookmark	×	○	○	このリンクを含む最も近いセクションへのパーマリンク
help	○	○	○	ヘルプ
icon	○	×	×	この文書のアイコンの画像ファイル
license	○	○	○	著作権ライセンスに関する文書
next	○	○	○	次の文書
nofollow	×	○	○	リンク先については保証できないことを示す
noreferrer	×	○	○	リンク先にはリンク元のページを知らせないことを示す
preload	○	×	×	リソースを事前に読み込んでキャッシュさせておく
prev	○	○	○	前の文書
search	○	○	○	検索が可能なページ
stylesheet	○	×	×	読み込んで適用するスタイルシート
tag	×	○	○	この文書に適用されているタグのページへのリンク

>> **使用例**

```
<head>
...
<link rel="stylesheet" href="style.css">
<link rel="icon" href="favicon.png" sizes="16x16" type="image/png">
<link rel="alternate" href="en.html" hreflang="en" type="text/html" title="English
Version">
<link rel="alternate" href="fr.html" hreflang="fr" type="text/html" title="French
Version">
...
</head>
```

1-4 - 7 base要素

base要素は、HTML文書内で指定されている**相対URLの基準にするURL**を設定するための空要素です(基準URLはhref属性の値として指定します)。必ずhead要素内で使用します。target属性を使用することでデフォルトの表示先(**ブラウジングコンテキスト**)を設定しておくこともできます。

用語解説 > ブラウジングコンテキスト

HTML5以降の仕様書では、HTML文書を表示させるウィンドウやタブ、インライン・フレームなどのことをブラウジングコンテキストと呼んでいます。

表1-4-4:base要素に指定できる属性

属性名	値の示すもの	指定可能な値
href	相対URLの基準とするアドレス(絶対URL)	URL
target	リンク先やフォームの送信結果を表示させる際のデフォルトのブラウジングコンテキスト	ブラウジングコンテキスト名、またはキーワード

>> **使用例**

```
<!DOCTYPE html>
<html lang="ja">
<head>
<title>マイナビブックス</title>
<base href="https://book.mynavi.jp/index.html">
</head>
<body>
<p><a href="new.html">新刊情報</a></p>
<!-- 上のリンクは「https://book.mynavi.jp/new.html」となります -->
</body>
</html>
```

1-1

1-2

1-3

1-4

1-5

1-6

1-7

1-8

1-9

1-10

1-11

1-12

> **⚠ ここに注意**
>
> base要素は、1つのHTML文書につき1つまでしか指定できない点に注意してください。また、base要素には少なくともhref属性かtarget属性のいずれか一方を指定する必要があります。

1-5 セクションと基本構造

ここが重要!

▶ h1〜h6要素は「セクションの見出し」をあらわす

▶ アウトラインアルゴリズムとその関連仕様は2022年7月に仕様から削除された

▶ hgroup要素は、見出し（h1〜h6要素）とサブタイトルや副題（p要素）をグループ化する要素

1-5 - 1 セクションと見出しの関係

セクショニングコンテンツに分類される4つの要素（article要素・section要素・aside要素・nav要素）はそれぞれ、その範囲が1つのセクションであることを示します。HTMLのセクションとは、簡単に言えば**「見出とそれに対応する文章全体を含む範囲」**のことで、長い文章における「章」や「節」、新聞やブログなどの「1つの記事」などがこれにあたります。ただし、見出しとセクショニングコンテンツは常に1対1のセットで使用する決まりになっているわけではなく、「見出しのないセクショニングコンテンツ」も存在すれば「セクショニングコンテンツのない見出し」も存在します。

用語解説 ▶ アウトライン

HTML文書から見出し（h1〜h6要素）だけを抜き出して、文書の階層構造が一目でわかるようにしたものを**アウトライン**と言います。一般に、階層の深さはインデント（字下げ）であらわされ、見出しには連番を振って示します。

! ここに注意

2022年7月にHTML Living Standardの仕様からアウトラインアルゴリズムとその関連仕様（暗黙のセクションやセクショニングルートの定義など）が削除されました。現在の仕様では、文書内では最上位の階層の見出しとして必ずh1要素を1つ以上配置し、階層に合わせた数字の見出しを使うことになっています。

1-5 - 2 h1〜h6要素

h1要素・h2要素・h3要素・h4要素・h5要素・h6要素は、**セクションの見出し**となる要素です。1〜6の数字は見出しのレベル（階層）をあらわしており、1が最もレベルの高い大見出し、6が最もレベルの低い見出しとなります。見出しのレベルは、入れ子になっているセクションの入れ子の階層と同じにする必要があります。「h」は「heading」の略です。

1-5 - 3 hgroup要素

hgroup要素は、**見出しと「サブタイトル」「副題」「タグライン」などをグループ化してまとめる要素**です。見出しにはh1〜h6要素のどれか1つを使用し、「サブタイトル」「副題」「タグライン」にはp要素を使用します。p要素は、見出しの前後に必要なだけ配置できます。

》使用例

```
<hgroup>
    <h1>合格への道 III</h1>
    <p>そして面接へ...</p>
</hgroup>
```

！ ここに注意

> この要素は、2022年6月までは「階層の異なる複数の見出しをグループ化して1つの見出しとして機能させる要素」でした。現在の仕様では複数の見出しを入れると文法エラーになりますのでご注意ください。

1-5 - 4 article要素

新聞や雑誌の**記事**のことを英語ではarticleと言います。article要素はそのような記事をはじめとする「**それだけで全部の／それだけで完結している**」セクションをあらわす場合に使用します。したがって、何かの一部であるセクションをマークアップする場合にはarticle要素は使用できません。article要素は、ブログの記事やユーザーが投稿した各コメントなどにも使用できます。

>> **使用例**

```
<article>
    <header>
        <h1>レベル1認定試験に合格しました！</h1>
        <p><time>2022-04-01 22:18:05</time></p>
    </header>
    <p>先日、夢の中にセマンくんが出てきたんです。</p>
    <p>そしてガラガラのヘンな声で、私にこう言ったんです。</p>
    <p>「全身の70%以上をオレンジ色にして受験したら合格するがね！」</p>
    ...
    <section>
        <h2>コメント</h2>
        ...
    </section>
</article>
```

1-5 - 5 section要素

section要素は、**一般的なセクション**をあらわす要素です。セクションをあらわす要素は全部で4つありますが、ほかの3つのセクション要素は特定の用途向けであり、それらに該当しない普通のセクションをマークアップする場合に使用します。

>> **使用例**

```
<body>
    <h1>合格のための心得</h1>
    <section>
        <h2>その1：本書を購入する</h2>
        <p>これを読んでいるあなたはきっと大丈夫です。</p>
        <p>選択のセンスがありますので、五択問題も心配無用！</p>
    </section>
    <section>
        <h2>その2：最後まで読む</h2>
        <p>本書の内容はおおむね重要な順になっています。</p>
        <p>とにかく読めるところまで読んでおくと合格に近づけます！</p>
    </section>
</body>
```

▼ **補足説明**

article要素とsection要素の使い分けは簡単です。ひとつのまとまったコンテンツの**全体を含んでいるならarticle要素、全体の一部分であればsection要素**を使用します。

1-5 - 6 aside要素

aside要素は、その内容が**それを含んでいるセクションの内容とは関係が薄く、別扱いにした方がよさそうなセクション**をマークアップする場合に使用します。

たとえば、広告、補足記事、プル・クォート（本文の一部を抜粋して目立つように掲載し、読者の興味を引かせる部分）、nav要素のグループ、その他メインコンテンツとは分けた方がよさそうな（新聞であれば記事とは別に枠で囲って掲載するような内容の）各種コンテンツに使用できます。

》使用例

```
<aside>
    <h3>広告</h3>
    <a href="https://html5exam.jp/">
        <section>
            <h4>HTML5プロフェッショナル認定試験</h4>
            <p>取得したい資格No.1</p>
            <p>多くの企業が推進する次世代Web言語の認定資格</p>
        </section>
    </a>
    <a href="https://book.mynavi.jp/">
        <section>
            <h4>マイナビBOOKS</h4>
            <p>よくわかる教科書シリーズ</p>
            <p>好評発売中！</p>
        </section>
    </a>
</aside>
```

1-5 - 7 nav要素

nav要素は、そのページにおける**ナビゲーションのリンクを含むセクション**をあらわす場合に使用します。

ただし、この要素はページの情報を音声で読み上げさせるユーザーなどが、ナビゲーションを読み飛ばしたり、逆にナビゲーションをすぐに読み上げさせたりするために利用することも考慮して用意されたものであるため、あくまで主要なナビゲーションだけに使用することが想定されています。nav要素がページ内の多くの箇所にあると、そのような利用が難しくなる可能性もあるため、たとえばフッター領域にあるリンクなどには基本的には使用しないでください（ただし、必要があれば使用することも可能です）。

>> **使用例**

```
<body>

<header>
    <h1>株式会社○○○</h1>
    <ul>
        <li><a href="#">サイトマップ</a></li>
        <li><a href="#">Global</a></li>
    </ul>
    <nav>
        <ul>
            <li><a href="#">ホーム</a></li>
            <li><a href="#">お知らせ</a></li>
            <li><a href="#">製品情報</a></li>
            <li><a href="#">会社概要</a></li>
            <li><a href="#">お問い合わせ</a></li>
        </ul>
    </nav>
</header>

<main>
    ～ メインコンテンツ ～
</main>

<footer>
    <ul>
        <li><a href="#">プライバシーポリシー</a></li>
        <li><a href="#">利用規約</a></li>
    </ul>
    <p>
        <small>Copyright &copy; 2022 ○○○. All rights reserved.</small>
    </p>
</footer>

</body>
```

1-5 - 8 header要素

header要素は、その部分がヘッダーであることを示す要素です。

一般に、header要素の内容としては、見出し・ナビゲーション・ロゴ・検索フォーム・目次などを含みます。通常は見出しを含みますが、必須というわけではありません。

>> **使用例**

```
<body>
<header>
    <h1>株式会社○○○</h1>
    <nav>
        <ul>
            <li><a href="#">ホーム</a></li>
            <li><a href="#">お知らせ</a></li>
            <li><a href="#">製品情報</a></li>
            <li><a href="#">会社概要</a></li>
            <li><a href="#">お問い合わせ</a></li>
        </ul>
    </nav>
</header>
...
```

!! ここに注意

header要素の内部には、header要素とfooter要素は配置できません。

1-5 - 9 footer要素

footer要素は、自分自身を含む**もっとも近いセクションのフッター**であることを示す要素です。もっとも近いセクションが存在しない場合は、body要素（ページ全体）のフッターとなります。

一般に、footer要素の内容としては、著作権情報・問い合わせ先（address要素）・関連文書へのリンク（ブログの「前ページ」「次ページ」など）・記事の執筆者名などを含みます。また、索引・奥付・付録・使用許諾契約のような内容のセクションは、そのセクションごとにfooter要素の中に入れることができます。

なお、footer要素はフッターなのでセクション内の最後に配置するもののように思えますが、たとえば「前のページ」「次のページ」というリンクを含むfooter要素などはセクションの前の方に配置してもかまいません。もちろん、前と後ろの両方に配置することもできます。

>> **使用例 1**

```
...
<footer>
    <ul>
        <li><a href="#">プライバシーポリシー</a></li>
        <li><a href="#">利用規約</a></li>
```

```
    </ul>
    <p>
        <small>Copyright &copy; 2022 ○○○. All rights reserved.</small>
    </p>
</footer>
</body>
</html>
```

≫ 使用例 2

```
<article>
    <footer><a href="#">前ページ</a></footer>
    <h1>レベル1認定試験に合格しました！</h1>
    <p>本日は、ブログでちょっとだけ自慢しちゃいますよ。</p>
    <p> … </p>
    <footer><a href="#">前ページ</a></footer>
</article>
```

> **! ここに注意**

> footer要素の内部には、header要素とfooter要素は配置できません。

1-5 - 10 main要素

main要素は、その部分が**その文書における主要なコンテンツ（メインコンテンツ）**であることを示す要素です。

≫ 使用例

```
<body>

<header>
    <h1>○○○スクール</h1>
    <nav>
        <ul>
            <li><a href="#">ホーム</a></li>
            <li><a href="#">コース紹介</a></li>
            <li><a href="#">会社概要</a></li>
            <li><a href="#">お問い合わせ</a></li>
        </ul>
    </nav>
</header>
```

次ページに続く

```
<main>
    <article>
        <header>
            <h1>会社概要</h1>
            <p>日本でトップクラスの合格実績！</p>
        </header>
        <section>
            <h2>合格率100％！(当社調べ)</h2>
            <p>驚異の合格率100%を実現させた、その方法とは？</p>
        </section>
        ...
    </article>
</main>

<footer>
    <p>
        <small>Copyright &copy; 2022 ○○○. All rights reserved.</small>
    </p>
</footer>

</body>
```

!　ここに注意

1つのHTML文書内にmain要素を複数配置することは可能ですが、複数のmain要素を同時に表示させることは禁止されています。表示させる1つのmain要素以外のすべてのmain要素には必ずhidden属性を指定して非表示にする必要があります。

!　ここに注意

main要素を含むことができるのは次の5種類の要素だけである点に注意してください。
- html要素　　　　　　　　　　・body要素　　　　　　　　　　・div要素
- form要素（ただしアクセシブルネームのないものに限る）　・自律カスタム要素

用語解説 ＞ アクセシブルネーム

スクリーンリーダーなどの支援技術が使用する「要素を識別するためのラベル」のことをアクセシブルネーム（accessible name）と言います。

1-5 - 11 address要素

address要素は、自分自身を含む**もっとも近いarticle要素またはbody要素の内容に関する問い合わせ先**を示す要素です。article要素に含まれていない場合は、body要素（つまりページ全体）に関する問い合わせ先を示していることになります。

》使用例

```
<footer>
  <address>
    お問い合わせは下記メールアドレスまでお願いします。<br>
    <a href="mailto:info@example.com">info@example.com</a>
  </address>
  <p>
    <small>Copyright &copy; 2022 ○○○. All rights reserved.</small>
  </p>
</footer>
</body>
</html>
```

！ ここに注意

address要素の内容として入れられるのは、問い合わせ先の情報だけです。著作権情報や更新日のような問い合わせ先以外の情報は入れられませんので注意してください。また、住所であっても、それがarticle要素またはbody要素の内容に関する問い合わせ先ではない場合には使用できません。問い合わせ先ではない普通の住所には、p要素を使用します。

！ ここに注意

address要素の要素内容としてはフローコンテンツ（Flow content）を入れることができますが、次の要素は入れられませんので注意してください。

- h1～h6要素
- hgroup要素
- section要素
- article要素
- aside要素
- nav要素
- header要素
- footer要素
- address要素

1-1
1-2
1-3
1-4
1-5
1-6
1-7
1-8
1-9
1-10
1-11
1-12

1-5 - 12 div要素

div要素は他のほとんどの要素とは異なり、その範囲が何であるのかを示さない要素です。ほかに使用すべき適切な要素がない場合にのみ使用することが推奨されています。class属性やlang属性、title属性などを指定することで用途を示すことが可能です。

▽ 補足説明

HTML5以降では、ブロックレベル要素／インライン要素という分類がなくなってしまいましたが、div要素はもともと「あらかじめ決められた役割や意味を持たないブロックレベル要素」として使用されてきました。これに対して「あらかじめ決められた役割や意味を持たないインライン要素」がspan要素です。ブロックレベルかインラインかという分類はなくなったものの、両者の機能は基本的には変わっていません。

▽ 補足説明

HTML 5.2以降のHTMLでは、dl要素内でdt要素とdd要素をグループ化するためにdiv要素を使うこともできます。これによって、CSSでdt要素とdd要素を枠で囲むなどの表示指定がしやすくなります。

1-5 - 13 span要素

span要素は、div要素と同様に**その範囲が何であるのかを示さない**要素です。class属性やlang属性などを使用することで用途を示すことができます。span要素は、div要素とは異なり フレージングコンテンツ（Phrasing content）に分類されています。

1-6 テキスト

ここが重要!

▶ mark要素は、注目してもらうために目立たせている部分をあらわす

▶ data要素は、機械読み取りが可能なデータを属性値として提供する要素

▶ time要素は、data要素を日時に特化させた要素

1-6 - 1 p要素

p要素は、1つの**段落 (paragraph)** をあらわす要素です。

✓ 補足説明

p要素の終了タグは、次の条件に当てはまる場合には省略可能です。

■ **p要素の直後に次の要素 (主に旧分類でのブロックレベル要素) があるとき**

・section要素	・article要素	・aside要素	・nav要素	・header要素
・main要素	・footer要素	・div要素	・h1〜h6要素	・hgroup要素
・p要素	・ul要素	・ol要素	・dl要	・blockquote要素
・address要素	・pre要素	・hr要素	・form要素	・fieldset要素
・table要素	・figure要素	・figcaption要素	・details要素	・menu要素

■ **p要素が親要素の最後の内容であり、親要素が次の要素ではないとき**

・a	・ins	・del	・audio	・video
・map	・noscript	・自律カスタム要素		

1-6 - 2 a要素

a要素にhref属性を指定すると、そのa要素の要素内容が**リンク (ハイパーリンク)** になります。href属性を省略した場合、a要素はプレースホルダーとなります。

≫ 使用例

```
<nav>
  <ul>
    <li> <a href="/">ホーム</a> </li>
    ...
  </ul>
</nav>
```

表1-6-1：a要素に指定できる主な属性

属性名	値の示すもの	指定可能な値
href	リンク先のアドレス	URL
target	リンク先を表示させるブラウジングコンテキスト(ウィンドウやタブなど)を指定	ブラウジングコンテキスト名またはキーワード
download	リンク先がダウンロード用のファイルであることを示す	テキスト(ダウンロードする際のデフォルトのファイル名)
rel	元文書とリンク先との関係(リンク先の文書は何か)	キーワード(空白文字区切り)
hreflang	リンク先の言語(日本語や英語など)の種類	BCP47言語タグ(ja, enなど)
type	リンク先のMIMEタイプ	MIMEタイプ

✔ 補足説明

rel属性に指定できるキーワードについては、link要素の解説ページ(p.044)を参照してください。

！ ここに注意

a要素のコンテンツ・モデルはトランスペアレントです(「1-2-1 HTML5以降の要素の種類(p.026)」参照)。したがって、a要素は旧分類でのブロックレベル要素も要素内容として含むことができます。ただし、a要素の内部にはインタラクティブコンテンツ(Interactive content)とa要素およびtabindex属性を指定している要素は含むことができません。

```
<aside>
    <h3>広告</h3>
    <a href="https://html5exam.jp/">
        <section>
            <h4>HTML5プロフェッショナル認定試験</h4>
            <p>取得したい資格No.1</p>
            <p>多くの企業が推進する次世代Web言語の認定資格</p>
        </section>
    </a>
    <a href="https://book.mynavi.jp/">
        <section>
            <h4>マイナビBOOKS</h4>
```

```
                <p>よくわかる教科書シリーズ</p>
                <p>好評発売中！</p>
          </section>
      </a>
</aside>
```

1-6 - 3 em要素

em要素は、**強調されている部分**を示すための要素です。em要素を入れ子にすることで、強調の度合いを強くすることができます。

▼ **補足説明**

> em要素で特定の部分を強調すると、文章の意味が変化する点に注意してください。たとえば、「僕は小倉トーストを食べます」というマークアップだと「(君たちが何を食べようと) 僕は小倉トーストを食べます」というような意味になりますが、「僕は小倉トーストを食べます」というマークアップだと「僕は (ほかの食べ物ではなく) 小倉トーストを食べます」というような意味になります。

1-6 - 4 strong要素

strong要素は、その要素内容が「重要」「深刻」「緊急」のいずれかであることを示す要素です。たとえば、**見出しや文章の中の重要な部分**を示すために使用することもできますし、**緊急の連絡**や**警告**の部分で使用することもできます。

≫ 使用例

```
<h1>第1章 <strong>合格への道！</strong></h1>
```

em要素と同様にstrong要素も入れ子にすることが可能で、それによって意味の度合いを強めることができます。

≫ 使用例

```
<p>
<strong>【警告】</strong>
札幌では、たとえ<strong>中央区であっても<strong>ヒグマ</strong>が出没</strong>することがあります。
</p>
```

1-6 - 5 blockquote要素

blockquote要素は、その要素内容が**引用してきた文章**であることを示す要素です。HTMLにはもともと引用文を示すためのブロックレベル要素とインライン要素がありますが、その**ブロックレベル要素**の方がこのblockquote要素で、インライン要素の場合はq要素を使用します。

引用した文章がWeb上のものであれば、cite属性の値として引用元のURLを指定することができます。ただし、この属性はユーザーに引用元へのリンクを提供することを意図したものではなく、スクリプトなどで内部的に使用することを想定しています。

表**1-6-2**：blockquote要素に指定できる属性

属性名	値の示すもの	指定可能な値
cite	引用元や詳しい情報へのリンク	URL

▼ 補足説明

blockquote要素内に入れる引用文は、オリジナルの文章と完全に一致している必要はありません。内容の一部を省略したり、注釈を加えることも認められています（たとえば長い引用文の一部を（中略）で示したり、カッコ書きで注釈を入れるなど）。
ただし、そのような部分は手を加えていることが明確にわかるようにしておく必要があります。

≫ 使用例

```
<blockquote>
<p>
　メロスは激怒した。必ず、かの邪智暴虐の王を除かなければならぬと決意した。メロスには政治がわからぬ。メロスは、村の牧人である。笛を吹き、羊と遊んで暮して来た。
</p>
</blockquote>
```

1-6 - 6 q要素

q要素は、その要素内容が引用してきた文章であることを示す要素です。blockquote要素は旧分類でのブロックレベル要素として引用文を示すのに対し、q要素は**インライン要素として引用文を示す**ときに使用します。

引用した文章がWeb上のものであれば、cite属性の値として引用元のURLを指定することができます。ただし、この属性はユーザーに引用元へのリンクを提供することを意図したものではなく、スクリプトなどで内部的に使用することを想定しています。

表1-6-3：q要素に指定できる属性

属性名	値の示すもの	指定可能な値
cite	引用元や詳しい情報へのリンク	URL

> **！ ここに注意**

q要素にはブラウザが引用符をつけて表示することになっていますので、q要素を使用するのであれば引用文の前後に引用符はつけないでください。表示させる引用符の種類はCSSで指定可能です。
ただし、引用文だからといって、必ずしもq要素でマークアップする必要はありません。q要素にせずに、自分で文章の中に引用符（日本語の場合は「 」など）を埋め込んで引用文を示すことも認められています。

>> **使用例**

```
<p>
僕にはぜんぜん記憶がないのだけれど、ヘルマン・ヘッセの<q>そうか、そうか、つまり君はそんなやつなんだな</q>って意外とみんなおぼえてるみたいですね。
</p>
```

1-6 - 7 cite要素

cite要素は、作品のタイトルをあらわす要素です。ここでいう「作品」には次のようなものが含まれます。

本・エッセイ・詩・歌・楽譜・絵画・彫刻・展示物・映画・テレビ番組・脚本・台本・演劇・ミュージカル・オペラ・論文・ゲーム・コンピューターのプログラム・訴訟事件の報告書

>> **使用例**

```
<p>
<cite>水曜どうでしょう</cite>の名セリフと言えば、個人的には<q>ロビンソンもう帰ろうよ</q>だな。
</p>
```

1-6 - 8 mark要素

mark要素は、**元々はそうはなっていないテキストの一部を、参照してもらいやすいように目立たせた部分**であることを示します。

たとえば、引用文の中でmark要素が使用された場合、それは「オリジナルの文章がそうなっていたわけではないが、それを引用した人が読者に注目してもらいたいので目立たせた部分」であることを示します。

その他の用途としては「検索結果の一覧において検索に使用した単語を目立つようにする場合」や「ソースコード中のエラーの箇所を示す場合」などにも使用されます。

▼ 補足説明

HTMLの仕様書において、mark要素をどのように表示させるかが決められているわけではありませんが、一般的なブラウザでは、mark要素の範囲は黄色の蛍光ペンで線を引いたような状態で表示されます。このことを知っていると、mark要素の役割が理解しやすいかもしれません。

！ ここに注意

スペルの間違っている箇所を示す場合は、mark要素ではなくu要素（p.068）を使用します。

》 使用例

```
<blockquote>
<p>
<mark>メロスは激怒した。</mark>必ず、かの邪智暴虐の王を除かなければならぬと決意した。メロスには政治が
わからぬ。メロスは、村の牧人である。笛を吹き、羊と遊んで暮して来た。
</p>
</blockquote>

<p>
冒頭の文章は、日本人なら誰もが知っている有名な一節です。この文章は・・・
</p>
```

1-6 - 9 small要素

small要素は、**印刷物であれば小さな文字で欄外に（メインコンテンツとは別に）記載されている注記のような情報をあらわすための要素**です。具体的には、**Copyright**の表記や**免責事項**、**警告**、**法的規制**、**帰属**などをあらわす部分で使用されます。

この要素はある程度の短い範囲に使用することを想定しており、セクション全体や複数の段落のような広範囲のテキストに対して使用すべきものではありません。

≫ 使用例

```
...
<footer>
    <ul>
        <li><a href="#">プライバシーポリシー</a></li>
        <li><a href="#">利用規約</a></li>
    </ul>
    <p>
        <small>Copyright &copy; 2022 ○○○. All rights reserved.</small>
    </p>
</footer>
</body>
</html>
```

1-6 - 10 data要素

data要素は、通常の要素内容に加えて、要素内容を機械可読形式にしたデータも同時に提供するための要素です。**機械可読形式のデータは、必須属性であるvalue属性の値として指定します。**

value属性の値には、MicroformatsやMicrodataのほか、スクリプトのリテラル値なども指定できます。
なお、データが日付や時間である場合には、次に説明するtime要素を使用してください。

≫ 使用例

```
<p>
大藤園より<data value="JAN:4912345678903">こ～い合格茶</data>が発売された。
</p>
```

1-6 - 11 time要素

time要素は、**data要素を日時での使用に特化させた要素**です（つまり、機械読み取りが可能な日時のデータを提供する要素です）。ただし、機械読み取りが可能なデータを提供するためのvalue属性はtime要素にはなく、代わりに専用の**datetime属性**を使用します。

このdatetime属性は、data要素のvalue属性とは異なり、指定することが必須ではありません。datetime属性を使用する場合はその値を機械読み取りが可能な形式にし、datetime属性を使用しない場合はtime要素の要素内容自体を機械読み取り可能な形式で記入します。

>> **使用例**

```
<p>
<time datetime="2022-01-17">昨日</time>の試験はマジで疲れました。
明日は<time>07:30</time>に集合です。
</p>
```

time要素に指定可能な機械読み取りが可能な書式は、表1-6-4のとおりです。

表1-6-4：機械読み取りが可能な日時の書式

2022-08-31	年月日
2022-08	年月
08-31	月日
2022	年
2022-W47	年週
02:50	時分
02:50:00 02:50:00.525	時分秒
2022-08-31T02:50	年月日時分
2022-08-31T02:50:00 2022-08-31T02:50:00.525	年月日時分秒
2022-08-31 02:50	年月日時分
2022-08-31 02:50:00 2022-08-31 02:50:00.525	年月日時分秒
Z +0900 +09:00	タイムゾーン
2022-08-31T02:50Z 2022-08-31T02:50:00Z 2022-08-31T02:50:00.525Z 2022-08-31T02:50+0900	

次ページに続く

2022-08-31T02:50:00+0900 2022-08-31T02:50:00.525+0900 2022-08-31T02:50+09:00 2022-08-31T02:50:00+09:00 2022-08-31T02:50:00.525+09:00 2022-08-31 02:50Z 2022-08-31 02:50:00Z 2022-08-31 02:50:00.525Z 2022-08-31 02:50+0900 2022-08-31 02:50:00+0900 2022-08-31 02:50:00.525+0900 2022-08-31 02:50+09:00 2022-08-31 02:50:00+09:00 2022-07-31 02:50:00.525+09:00	グローバルな日時
2h 18m 3s PT2H18M3S	時間分秒

1-6 - 12 abbr要素

abbr要素は、その部分が**略語**であることを示します。**省略していない状態の言葉を示すにはtitle属性を使用**します。

>> 使用例

```
<p>
合格したら<abbr title="結婚活動">婚活</abbr>も頑張るぞ！
</p>
```

! ここに注意

title属性は補足情報を提供するためのグローバル属性ですが、abbr要素で使用する場合は「省略していない状態の言葉を示す」以外の用途には使用できない点に注意してください。

∨ 補足説明

すべての略語をabbr要素としてマークアップする必要はありません。略していない状態の言葉もわかるようにしておいた方がよさそうな部分や、CSSでabbr要素を対象として表示指定をおこないたい場合など、必要に応じて使用するだけで十分です。

1-6 - 13 dfn要素

dfn要素は、その部分が**定義の対象となっている用語**であることを示します。たとえば、「A とは◯◯◯のことである」というような内容の文章のAの部分をマークアップする際に使用します。

≫ 使用例

```
<p>
<dfn>HTML5プロフェッショナル認定</dfn>とは、HTML5、CSS3、JavaScriptなど最新のマークアップに関する
技術力と知識を、公平かつ厳正に、中立的な立場で認定する認定制度です。
</p>
```

1-6 - 14 b要素

b要素は、その範囲のテキストに特別な意味合いを持たせることなく、**実用的な目的で目立つようにさせる**ための要素です。
具体的には、レビュー記事における**製品名**、概要説明における**キーワード**、記事の**リード文**などで使用されます。

≫ 使用例

```
<h1>第3章 <strong>HTML5で変更された要素</strong></h1>
<p>
<b class="lede">新しく追加された要素の次に重要なのは、意味や役割が変更された要素です。本章ではHTML5
で変更された要素を重要な順に解説していきます。</b>
</p>
```

! ここに注意

ほかにもっと適切な要素がある場合には、b要素は使用しないでください。たとえば、見出しであればh1〜h6、強調であればem要素、重要な部分にはstrong要素、オリジナルの状態に手を加えて目立たせたい場合にはmark要素を使用します。

1-6 - **15** i要素

i要素は、その範囲のテキストが**違う性質のものに切り替わっている**ことをあらわすための要素です。

たとえば、**言語が異なっている部分**（英語の中にアルファベットを使う別の言語が含まれていて英語と区別したい部分など）や小説において**頭の中で考えていること**がわかるようにしたい場合のほか、**学名**、**専門用語**、英文中での**船名**などで使用されます。

≫ 使用例

```
<p>エゾアカガエルの学名は<i class="taxonomy">Rana pirica</i>です。</p>
```

! ここに注意

ほかにもっと適切な要素がある場合には、i要素を使用するべきではありません。たとえば、強調するのであればem要素、定義対象の用語を示すのであればdfn要素を使用します。

1-6 - **16** s要素

s要素は、**すでに正しい情報ではなくなった部分、関係のない情報となってしまった部分**をあらわすための要素です。

≫ 使用例

```
<p>本日限りの大特価！ <s>2,800円</s> 980円！</p>
```

! ここに注意

文書の編集によって削除された部分を示す場合は、s要素を使用せずにdel要素を使用します。

1-1
1-2
1-3
1-4
1-5
1-6
1-7
1-8
1-9
1-10
1-11
1-12

1-6 - 17 u要素

u要素は、**読み上げられたものを音声で聞いた場合にはわからないけれども、表示上は明確に示される、テキスト以外による注釈の付けられた範囲**をあらわすための要素です。用途は、**中国語でテキストが固有名詞であることを示す場合**や、**スペルミスの箇所を示す場合**などと限定的で、一般的なページで利用されることはほとんどありません。

また、u要素はデフォルトの表示が下線付きでリンクと同じになることから、それらが混同されるような場所での使用は避けることが推奨されています。

≫ 使用例

```
<p>Hello, <u class="spelling">warld!</u></p>
```

1-6 - 18 bdo要素

bdo要素は、Unicodeの双方向アルゴリズム（**b**idirectional algorithm）の文字表記の方向（**d**irection）を上書き（**o**verride）して指定する要素です。簡単に言うと、**要素内容のテキストを左から右へと表示するのか、右から左へと表示するのかを、グローバル属性であるdir属性を使って設定する要素**です。

> **❗ ここに注意**
>
> bdo要素を使用する場合、dir属性は必ず指定する必要があります。値には「ltr（left-to-right／左から右）」または「rtl（right-to-left／右から左）」のいずれかを指定しなければなりません（「auto」の指定はできません）。

1-6 - 19 bdi要素

文字表記の方向が「左から右」のテキストの中に、逆方向のテキスト（アラビア語やヘブライ語など）が混入した場合、Unicodeの双方向アルゴリズムによってその前後の文字の位置が入れ替わってしまうなどの影響が出る場合があります。具体的に言えば、テキスト入力欄に文字表記の方向が逆のテキストが入力された場合、それが出力される際にはその前後の文字の表示位置を変えてしまう可能性があるということです。

bdi要素は、そのような**Unicodeの双方向（bidirectional）アルゴリズムの影響を受けないようにするために、特定の範囲のテキストだけを意図的に分離・独立（isolate）させる要素**です。

bdi要素は主に、ユーザーが自由に入力できるテキストをページ内のコンテンツの一部とするような部分で使用されます。

≫ 使用例

```
<ul>
    <li>ユーザー名 <bdi>知子</bdi>: 7 posts.
    <li>ユーザー名 <bdi>ミキティ</bdi>: 10 posts.
    <li>ユーザー名 <bdi>بلال</bdi>: 1 posts.
</ul>
```

1-6 - 20 pre要素

pre要素は、その要素内容であるテキストが**整形済み**（preformatted）であることを示す要素です。ここでいう整形とは、半角スペースやタブ、改行を使って表示を整えてあるという意味で、pre要素の要素内容は入力されている通りにそのまま表示されます（CSSを使用することで表示方法の詳細な設定が可能です）。たとえば**ソースコード**や**アスキーアート**の表示、**メールの内容**を掲載する際などに使用されます。

pre要素は旧分類でのブロックレベル要素に該当する要素です。したがって、ソースコードをマークアップする際は、その部分がソースコードであることを示すcode要素（旧分類でのインライン要素）をpre要素の中に入れて使用します。

≫ 使用例

```
<pre><code class="language-css">
h1 {
    text-shadow: 3px 3px 5px rgba(0, 0, 0, 0.4);
}</code></pre>
```

> **！ ここに注意**
>
> HTML構文の場合、pre要素の開始タグ直後にある改行は取り除かれることになっています。
> したがって、次の2つの例の表示結果は同じになります。
>
> ```
> <pre>整形済みテキスト</pre>
> ```
>
> ```
> <pre>
> 整形済みテキスト</pre>
> ```

1-6 - 21　code要素

code要素は、その部分がコンピューターで使用される**ソースコード**であることを示す要素
です。プログラムはもちろんのこと、HTMLの要素名やファイル名といったコンピューター
が認識可能な文字列全般に対して使用されます。

≫ 使用例

```
<p>
HTMLでは、ソースコードは<code>code</code>要素としてマークアップします。
</p>
```

1-6 - 22　kbd要素

kbd要素は、その部分が**ユーザーが入力する内容**であることを示す要素です。通常はキー
ボードからの入力を想定していますが、それ以外からの入力に対しても使用可能です。

≫ 使用例

```
<p>
次に、<kbd>F3</kbd>キーを押してください。
</p>
```

1-6 - 23 samp要素

samp要素は、その部分がコンピューターのシステムやプログラムから出力されたもの、またはそのサンプルであることを示す要素です。

》使用例

```
<pre><samp>
"Macintosh HD"のアクセス権を検証中
    アクセス権データベースを読み出しています。
    アクセス権データベースの読み出しには数分かかる場合があります。
</samp></pre>
```

1-6 - 24 var要素

var要素は、その部分が**変数**（variable）であることを示す要素です。プログラミング言語や数式での変数のほか、定数をあらわす識別子、関数のパラメータ、各種プレースホルダーのような部分でも使用可能です。

》使用例

```
<p>
CSS3には :nth-child(<var>a</var>n+<var>b</var>) という書式のセレクタがあって、
<var>a</var>と<var>b</var>のところには任意の整数が指定できる。
</p>
```

1-6 - 25 sup要素

sup要素は、その部分が**上付き文字**（superscript）であることを示す要素です。

》使用例

```
<p>
<var>E</var>=<var>m</var><var>c</var><sup>2</sup>
</p>
```

1-6 - 26 sub要素

sub要素は、その部分が**下付き文字**（subscript）であることを示す要素です。

≫ 使用例

```
<p>
二酸化炭素はCO<sub>2</sub>です。
</p>
```

1-6 - 27 br要素

br要素は、その位置で**改行させる**ための空要素です。たとえば、詩や住所の表記などのように、改行がそのコンテンツの一部であるような部分で使用します（余白をとるために使用したり、段落のように見せるための改行として使用するものではありません）。

≫ 使用例

```
<p>
〒012-3456<br>
北海道札幌市中央区牧志1-2-3<br>
札幌ニフェーデービル7F
</p>
```

1-6 - 28 wbr要素

通常、英単語やURLなどはいくら長くてもその途中で行を折り返すことはありません（幅に収まりきらなくても途中では改行しません）。空要素であるwbr要素は、文字列の途中にそのタグを挿入することで、**英単語やURLの途中でも行を折り返すことができるようにする要素**です。

≫ 使用例

```
<p>
What does super<wbr>califragilistic<wbr>expiali<wbr>docious mean?
</p>
```

1-6 - 29 ins要素

ins要素は、**文書に追加した部分**（inserted text）を示すために使用します。

表1-6-5：ins要素に指定できる属性

属性名	値の示すもの	指定可能な値
cite	追加に関する説明のあるページへのリンク	URL
datetime	追加した日時	日時をあらわす文字列

≫ 使用例

```
<h1>To Do リスト</h1>
<ul>
  <li>HTML5の本を最後まで読む</li>
  <li><ins>LPI-IDを取得する</ins></li>
  <li><ins>HTML5レベル1試験の受験予約</ins></li>
  <li><ins datetime="2022-12-24">HTML5レベル1試験受験！</ins></li>
</ul>
```

！ ここに注意

ins要素のコンテンツ・モデルはトランスペアレントです（「1-2-1 HTML5以降の要素の種類（p.026）」参照）。

1-6 - 30 del要素

del要素は、**文書から削除した部分**（deleted text）を示すために使用します。

表1-6-6：del要素に指定できる属性

属性名	値の示すもの	指定可能な値
cite	削除に関する説明のあるページへのリンク	URL
datetime	削除した日時	日時をあらわす文字列

≫ 使用例

```
<h1>To Do リスト</h1>
<ul>
  <li><del>HTML5の本を最後まで読む</del></li>
  <li><del datetime="2022-04-01T20:30+09:00">LPI-IDを取得する</del></li>
  <li>HTML5レベル1試験の受験予約</li>
```

次ページに続く

```
    <li>HTML5レベル1試験受験！</li>
</ul>
```

✓ 補足説明

ins要素とdel要素のdatetime属性に指定できる値は、YYYY-MM-DD形式の年月日（年4桁と月2桁と日2桁をハイフンで連結したもの）またはtime要素のdatetime属性に指定可能なタイムゾーン付きの日時（グローバルな日時）と同じです。詳細は「1-6-11 time要素（p.064）」を参照してください。

! ここに注意

del要素のコンテンツ・モデルはトランスペアレントです（「1-2-1 HTML5以降の要素の種類（p.026）」参照）。

1-7 リスト

ここが重要！

▶ **ul要素・ol要素・dl要素の内容は空でもOK**

▶ **ol要素は、reversed属性で逆順にできる**

▶ **dl要素で用語の定義をする場合、dfn要素も必要になる**

1-7 - 1 ul要素

ul要素は、**箇条書きのような項目を持つリスト**をあらわすための要素です。**項目の順序が重要ではなく、順序を入れ替えても実質的な意味が変わらないようなリスト**に対して使用します。リスト内の各項目はli要素としてマークアップします。

≫ 使用例

```
<p>沖縄で行ったことのある離島は次の通りです。</p>
<ul>
    <li>ナガンヌ島</li>
    <li>久米島</li>
    <li>竹富島</li>
    <li>黒島</li>
</ul>
```

！ ここに注意

ul要素の要素内容（コンテンツ・モデル）としては、0個以上のli要素が入れられるほか、script要素とtemplate要素も入れられることになっています。HTML5以降のul要素は、内容が空（li要素が0個）でもＯＫになっている点に注意してください。

1-7 - **2** ol要素

ol要素は、**連番の付けられた項目を持つリスト**をあらわすための要素です。ul要素とは異なり、**項目の順序を入れ換えると意味が変わってしまうようなリスト**に対して使用します。リスト内の各項目はli要素としてマークアップします。

≫ 使用例

```
<p>個人的に沖縄で好きな島は次の通りです(好きな順)。</p>
<ol>
    <li>黒島</li>
    <li>久米島</li>
    <li>ナガンヌ島</li>
</ol>
```

表1-7-1：ol要素に指定できる属性

属性名	値の示すもの	指定可能な値
type	マーカー(行頭の数字)の種類	type="1" または type="a" または type="A" または type="i" または type="I"
start	連番の開始番号	整数
reversed	リストの番号を逆順にする	論理属性(属性名だけで指定可)

！ ここに注意

ul要素と同様、ol要素の要素内容にも0個以上のli要素が入れられるほか、script要素とtemplate要素が入れられることになっています。HTML5以降のol要素は、内容が空(li要素が0個)でもOKになっている点に注意してください。

∨ 補足説明

ol要素の「ol」は、「ordered list(順序付けられたリスト)」の略です。それに対して、ul要素の「ul」は「unordered list(順序付けられていないリスト)」の略となっています。

1-7 - **3** li要素

li要素は、**リスト内の各項目となる要素**です。ul要素・ol要素・menu要素の内部にのみ配置できます。

表1-7-2：li要素に指定できる属性（親要素がol要素の場合のみ）

属性名	値の示すもの	指定可能な値
value	項目の番号（項目の番号を変更したいときに指定。以降の項目の番号はこの番号に続く連番となる）	整数

▼ 補足説明

li要素の終了タグは、その直後に次のli要素がある場合、親要素から見てそのli要素が最後の子要素である場合には省略できます。

》 使用例

```
<ul>
    <li>黒島
    <li>久米島
    <li>ナガンヌ島
</ul>
```

1-7 - 4 dl要素

ul要素とol要素は、内容がそれぞれ単独の項目になっている種類のリストをあらわす要素です。それに対してdl要素は、その内容となる**各項目が「用語（term→dt要素）」と「説明（description→dd要素）」のペアになっている形式のリスト**です。「用語とそれを定義する文章」や「質問と回答」などにも使用できます。

基本的な要素内容としては、「1つ以上のdt要素とそれに続く1つ以上のdd要素」のグループを必要なだけ入れることができます。また、各グループはdiv要素でグループ化することも可能です。

！ ここに注意

dt要素とdd要素をdiv要素でグループ化する場合は、すべてのdt要素とdd要素のペアをグループ化する必要があります。一部のペアだけをグループ化することは文法的に認められていない点に注意してください。

！ ここに注意

HTML5以降の文法では、dl要素の要素内容は空でもかまわないことになっています。また、必要に応じてscript要素とtemplate要素を配置することも可能です。

> **！ ここに注意**
>
> dl要素の「dl」は、HTML5よりも前のHTMLでは**「definition list（定義リスト）」**の省略形でした。しかしHTML5以降では、ここから「定義」の意味が削除され、dl要素の「dl」は**「description list（説明リスト）」**の略であるとされています。
>
> この仕様変更により、HTML5以降でdl要素を「用語の定義」に使用する際には、dt要素の要素内容をさらにdfn要素（定義対象の用語であることを示す要素）でマークアップする必要がある点に注意してください。
>
> ```
> <dl>
> <dt><dfn>HTML5プロフェッショナル認定</dfn></dt>
> <dd>
> HTML5、CSS3、JavaScriptなど最新のマークアップに関する技術力と知識を、公平かつ厳正に、中立的な立場で認定する認定制度。
> </dd>
> </dl>
> ```

1-7 - 5 dt要素

dt要素は、dl要素の内容となる「用語」と「説明」のペアのうちの**「用語」**の方を示すための要素です。

≫ 使用例

```
<article>
  <h1>よくあるご質問</h1>
  <dl>
    <dt>どのくらいの正答率で合格できますか？</dt>
    <dd>7割程度の正答率で合格できる設定となっています。</dd>
    <dt>他の資格試験との違いは何ですか？</dt>
    <dd>知識よりも、現場で必要となる能力に重点が置かれています。</dd>
    <dt>回答パターンにはどのようなものがありますか？</dt>
    <dd>「単一選択」「複数選択」「記述式」があります。</dd>
  </dl>
</article>
```

> **❗ ここに注意**
>
> dt要素の要素内容としてはフローコンテンツ（Flow content）が入れられますが、次の要素は例外となっている点に注意してください。
>
> ・h1～h6要素　　・hgroup要素　　・section要素　　・article要素　　・aside要素
> ・nav要素　　　　・header要素　　・footer要素

> **∨ 補足説明**
>
> dt要素の直後に他のdt要素またはdd要素がある場合、dt要素の終了タグは省略可能です。

1-7 - 6 dd要素

dd要素は、dl要素の内容となる「用語」と「説明」のペアのうちの**「説明」**の方を示すための要素です。

> **∨ 補足説明**
>
> dd要素の終了タグは、以下の場合に省略できます。
>
> ■ **dd要素の直後に他のdd要素またはdt要素がある場合**
> ■ **dl要素内の最後の要素である場合**

> **∨ 補足説明**
>
> HTML5よりも前のHTMLでは、dl要素の「dl」は「definition list（定義リスト）」の略で、dt要素の「dt」は「definition term（定義する用語）」、dd要素の「dd」は「definition description（定義の文章・説明文）」の略とされていました。
>
> HTML5になって先頭の「d」の意味は変わってしまいましたが、dt要素の「t」は「term（用語）」、dd要素のうしろの「d」は「description（説明文）」の意味で変わっていません。

1-8 ルビ

ここが重要！

▶ ルビ関連要素には、ruby要素・rt要素・rp要素の3種類がある

▶ rt要素とrp要素の終了タグは省略可能

▶ HTML5で定義されていたrb要素とrtc要素は削除された

1-8 - 1 ruby要素

rubyとはルビ（ふりがな）のことです。ruby要素とその関連要素を使用することで、漢字にルビを振ることができます。

HTML5ではruby要素の関連要素としてrt要素・rb要素・rp要素・rtc要素という4種類の要素が定義されていましたが、HTML Living Standard ではrb要素とrtc要素は削除されています。これらの要素の要素名の先頭に共通してついている「r」は「ruby」の関連要素であることをあらわしており、これらの要素はすべてruby要素内で使用します。
rt要素の**「rt」は「ruby text」**の略で、ルビとして小さい文字で表示させるテキスト（ふりがな）はこの要素の内容として入れます。
rp要素の**「p」は「parentheses（パーレン＝丸かっこ）」**のことで、ルビに未対応のブラウザでルビが普通サイズのテキストで表示される際に、それらを（ ）で囲って表示させるために使用します。

漢字にルビを振るもっとも簡単な方法は、ルビを振りたい漢字を <ruby> 〜 </ruby> で囲い、その要素内容として漢字の直後にrt要素（ルビのテキスト）を入れる方法です。

>> **使用例**

```
<ruby>漢字<rt>かんじ</rt></ruby>
```

1-8 - 2 rt要素

rt要素は、ルビ関連要素のうちの、**ルビ（ふりがな）として小さい文字で表示させるテキスト**です。

rt要素の終了タグは、直後にrt要素またはrp要素がある場合、または直後が親要素の終了タグである場合は省略可能です。次の例では、rt要素の直後にruby要素の終了タグがありますので、rt要素の終了タグを省略しています。

≫ 使用例

```
<ruby>漢字<rt>かんじ</ruby>
```

1-8 - 3 rp要素

ルビに未対応のブラウザでruby要素を表示させると、漢字とルビが同じ大きさのテキストでそのまま続けて表示されます。たとえば「漢字かんじ」のように表示されるわけです。これを「漢字（かんじ）」のように**（ ）で囲って表示させるために使用**するのがrp要素です。ruby要素とその関連要素に対応しているブラウザでは、rp要素の要素内容は表示されません。

rt要素と同様に、rp要素の終了タグも省略可能です。省略可能な条件はrt要素とまったく同じで、直後にrt要素またはrp要素がある場合、または直後が親要素の終了タグである場合に省略できます。

次に、rp要素を使った2つの使用例を紹介します。

≫ 使用例

```
<ruby>漢字<rp>(</rp><rt>かんじ</rt><rp>)</rp></ruby>
<ruby>漢字<rp>(<rt>かんじ<rp>)</ruby>
```

▽ 補足説明

ruby要素の内容として入れられる要素には、次のようなルールがあります。

1 まず、漢字のテキスト（フレージングコンテンツ）またはruby要素を1つ入れます。

2 次に、rt要素を1つ以上入れます（その前後にはrp要素も配置可能）。

ruby要素の内容には、1と2のセットを1つ以上入れることができます。

1-9 画像・動画・音声

ここが重要!

▷ **img要素のalt属性は、特別なケースにおいては省略できる**

▷ **複数の候補画像の中から最適なものを表示させる機能がある**

▷ **width属性とheight属性にパーセント値は指定できない**

1-9 - 1 img要素

img要素は、**表示させたい画像とそれが利用できない場合に代わりに使用するテキストを指定する要素**です。画像のアドレスはsrc属性、画像の代わりに使用するテキストはalt属性の値として指定します。HTML5以降では**src属性の指定は必須**ですが、**alt属性の値は省略することも可能**となっています。

≫ 使用例

```
<img src="logo.png" alt="株式会社マイナビ" width="100" height="70">
```

! ここに注意

HTML5以降では、特別なケースにおいてalt属性を省略することが認められています。ただしそれは、たとえばユーザーが大量の画像をアップロードして自由に公開できるようになっているサイトで、制作者側が適切な代替テキストを用意できないような場合などに限定されています。しかも、alt属性を省略する場合には、img要素はfigure要素内に入れ、figcaption要素でなんらかのキャプションを付けなければならないなどの条件もあります。**一般的なサイトにおいては、img要素のalt属性は基本的に省略できない**ものであることに変わりはありません（したがって代替テキストが不要である場合には、従来どおり alt=" " を指定します）。

! ここに注意

img要素のsrc属性には、次の画像は指定できません。

・複数ページあるPDFファイル　　　　・スクリプトを伴うSVGファイル
・インタラクティブなMNGファイル

表**1-9-1**：img要素に指定できる属性

属性名	値の示すもの	指定可能な値
src	データのアドレス	URL（空文字は不可）
alt	画像が利用できない場合に変わりに使用されるテキスト	テキスト（代替テキスト）
srcset	候補画像	URLと記述子
sizes	条件と画像の表示幅	メディアクエリと表示幅
width	幅	整数（負の値は指定不可）
height	高さ	整数（負の値は指定不可）
crossorigin	元文書とは異なるオリジンからデータを取得する際の認証に関する設定	`crossorigin="anonymous"` または `crossorigin="use-credentials"`
usemap	使用するイメージマップの名前	#に続く文字列
ismap	画像がサーバーサイドのイメージマップであることを示す	論理属性（属性名だけで指定可）
loading	画像をすぐに読み込むか見える状態になってから読み込むかを設定	`loading="eager"` または `loading="lazy"`
decoding	画像のデコードの完了を待たずに以降のコンテンツを表示させるかどうか	`decoding="sync"` または `decoding="async"` または `decoding="auto"`
referrerpolicy	画像を読み込む際のリファラーポリシーの設定	`referrerpolicy="no-referrer"`など

HTML 5.1からは**srcset属性**と**sizes属性**が追加され、img要素にサイズなどの異なる「複数の画像（候補画像）のURL」と「メディアクエリの条件と表示幅」が指定できるようになりました。これによって、複数用意された画像の中から状況に応じて最適なものだけをロードして表示させることが可能となっています。

たとえばsrcset属性に次のように指定することで、ピクセル密度が2倍（2x）のデバイスでは「logo200.png」、3倍（3x）のデバイスでは「logo300.png」を表示させることができます。ピクセル密度が1倍のデバイスやsrcset属性に未対応の環境では、これまでどおりsrc属性で指定した画像が表示されます。

≫ 使用例

```
<img src="logo.png" srcset="logo200.png 2x, logo300.png 3x" alt="株式会社マイナビ"
width="100" height="70">
```

このように、**srcset属性の値にはURLと記述子（2x, 3xなど）を空白文字で区切ったものを、カンマ区切りで複数指定できます。** srcset属性に指定可能な記述子には、**ピクセル密度記述子**と**幅記述子**の2種類があります。

用語解説 > **ピクセル密度記述子（pixel density descriptor）**

srcset属性でURLに続けて指定する「1.5x」「2x」「3x」などの記述子をピクセル密度記述子と言います。これは、そのURLの画像が「ピクセル密度が何倍のデバイス向け」であるのかを示すもので、数値（浮動小数点数）の直後に小文字の「x」をつけてあらわします。主に画像の表示サイズが固定である場合に使用されます。srcset属性で記述子を省略すると、「1x」が指定されている場合と同様に処理されます。

用語解説 > **幅記述子（width descriptor）**

srcset属性でURLに続けて指定する「400w」「800w」「1600w」などの記述子を幅記述子と言います。これは、そのURLの画像の実際の幅（ピクセル数）を示すもので、負ではない整数の直後に小文字の「w」をつけてあらわします。この記述子は、主に画像の表示サイズが状況によって変化する場合に使用されるもので、ブラウザはサイズの異なるこれらの画像の中から、表示させる幅やそのデバイスのピクセル密度、および画面の拡大縮小の状況などにあわせて最適な画像だけをロードして表示させます。

! ここに注意

1つのsrcset属性内で、ピクセル密度記述子と幅記述子を混ぜて使うことはできません。また、ピクセル密度記述子は省略可能ですが、幅記述子は省略できません（幅記述子を1つでも使用したら、他のすべてのURLにも幅記述子をつける必要があります）。

! ここに注意

ピクセル密度記述子を省略したためにURLとURLがカンマ区切りで隣接してしまうと、その2つのURLは「カンマを含む1つのURL」であると認識される可能性があります。そうなることを避けるために、そのような場合にはカンマのあとに必ず空白文字を入れる決まりになっています。また、srcset属性の値には、先頭または末尾がカンマになっているURLは指定できません。

sizes属性には、条件を指定せずに、CSSの単位をつけた表示幅だけを指定することもできます。 次の例で使用されている単位「vw」は「ビューポートの幅（viewport の width）」に対するパーセンテージをあらわしますので、100vwは画像の表示幅を表示領域全体の幅の100%にする指定となります。そしてその幅やピクセル密度などに応じて、幅が400ピクセル・800ピクセル・1600ピクセルの画像のうち、最適なものだけがロードされ表示されることになります。

≫ 使用例

```
<img sizes="100vw" srcset="small.jpg 400w, medium.jpg 800w, large.jpg 1600w"
src="small.jpg" alt="">
```

> **! ここに注意**
>
> 幅記述子を使用している場合、srcset属性に対応している環境ではsrc属性の値は無視されます（src属性には幅記述子が指定できないため）。一方で、srcset属性に未対応の環境では、src属性の画像を表示させることになるため、srcset属性で指定している画像のうちの1つをsrc属性にも重複させて指定することになっています。

> **! ここに注意**
>
> HTML4.01やXHTML1.0では、width属性とheight属性の値に「単位なしの値（ピクセル数）」と「%を付けた値」の両方が指定できましたが、HTML5以降では「%を付けた値」は指定できなくなりました。これは、何に対する%なのかという混乱を避けるための措置で、その代わりにsizes属性でvwなどの「何に対する%なのかが明確な単位」が使用できるようになっています。

sizes属性に条件ごとの表示幅を複数指定する際には、( ) 内に入れた条件式と表示幅を空白文字で区切ったものを、カンマ区切りで必要なだけ指定できます。 ( ) 内の条件式にはメディアクエリの条件式がそのまま指定でき（「メディアクエリ」p.230参照）、表示幅にはCSS3の単位（「2-1-7 長さをあらわす単位」p.145参照）がそのまま使用できます。sizes属性に対応した環境では、条件式に最初に合致した表示幅が選択され、それにあわせた画像が表示されることになります。sizes属性の最後に条件式なしで幅だけを指定しておくと、どの条件にも合わなかった場合にその幅が採用されます。

次のソースコードは、ビューポートの幅が30em以下だった場合は1カラム、30emより大きく50em以下の場合は2カラム、50emより大きい場合は3カラムになるページでのimg要素の指定例です。画像の表示幅は、1カラムの場合は100vw、2カラムの場合は50vw、3カラムの場合は33vwから60ピクセルを引いた幅となります。

≫ 使用例

```
<img sizes="(max-width: 30em) 100vw, (max-width: 50em) 50vw, calc(33vw - 60px)"
srcset="small.jpg 400w, medium.jpg 800w, large.jpg 1600w" src="small.jpg" alt="">
```

> **! ここに注意**
>
> sizes属性を指定したら、必ずsrcset属性も指定する必要があります。そして、srcset属性のすべてのURLには幅記述子を付けます。

> **! ここに注意**
>
> sizes属性に指定する画像の表示幅には、CSSの仕様書で **<length>** として定義されている長さの指定方法がそのまま利用できます。CSS3の <length> には calc( ) などの関数を含めることも可能ですので、それらもsizes属性の値として指定できます。

1-9 - 2 picture要素

HTML 5.1では、img要素による候補画像の指定よりもさらに柔軟でわかりやすい指定が行えるようにする目的で、**picture要素が新規に追加**されました。それと同時に、video要素とaudio要素の内部でその候補データを指定するために使用されていた**source要素がpicture要素内でも使用可能**となっています。

picture要素は、候補画像を示すsource要素とimg要素をとりまとめるための要素です。source要素を任意の数だけ入れ、最後にimg要素を1つ配置することで、picture要素とsource要素に未対応のブラウザでもimg要素の画像だけは表示できる仕組みになっています。これらの要素に対応した環境では、示された条件に最初に合致した画像だけがロードされ表示されます。

>> 使用例

```
<picture>
  <source media="(min-width: 50em)" srcset="large.jpg">
  <source media="(min-width: 30em)" srcset="medium.jpg">
  <img src="small.jpg" alt="">
</picture>
```

1-9 - 3 source要素

source要素は、picture要素・video要素・audio要素の内部において、サイズやファイル形式などの異なる**代替データを指定**するための要素です。picture要素内で使用された場合は、media属性で示された条件に最初に合致したsource要素の画像か、type属性で示されたMIMEタイプのうちその環境で利用可能な最初の画像が表示されます。video要素とaudio要素の場合は、type属性で示されたMIMEタイプのうち再生可能な最初のデータが再生されることになります。

picture要素内で使用する場合と、video要素およびaudio要素内で使用する場合とでは、source要素に指定可能な属性が違っています。共通して利用可能なのはtype属性だけです。

表 1-9-2：picture 要素内の source 要素に指定できる属性

属性名	値の示すもの	指定可能な値
media	画像の使用条件	メディアクエリ
srcset	候補画像	URLと記述子
sizes	使用条件と画像の表示幅	メディアクエリと表示幅
type	組み込む画像の種類	MIMEタイプ
width	幅	整数（負の値は指定不可）
height	高さ	整数（負の値は指定不可）

表 1-9-3：video 要素と audio 要素内の source 要素に指定できる属性

属性名	値の示すもの	指定可能な値
src	データのアドレス	URL（空文字は不可）
type	組み込むデータの種類	MIMEタイプ

picture要素内のsource要素には、srcset属性を必ず指定する必要があります。また、srcset属性で幅記述子（500wなど）が使用されている場合、sizes属性の指定が必須となります。

次の例では、ビューポートの幅が500px以下のときには、ピクセル密度に合わせてphone.jpg（1x用）またはphone-retina.jpg（2x用）のいずれかが表示されます。srcset属性やsizes属性の使用方法は、img要素の場合と同じです。

≫ 使用例

```
<picture>
  <source media="(max-width: 500px)" srcset="phone.jpg, phone-retina.jpg 2x">
  <img src="pc.jpg" srcset="pc-retina.jpg 2x" alt="">
</picture>
```

次の例では、条件を示すmedia属性を使用せずに、type属性を使用しています。

≫ 使用例

```
<picture>
  <source srcset="pic.apng" type="image/apng">
  <source srcset="pic.webp" type="image/webp">
  <img src="pic.jpg" alt="">
</picture>
```

video要素とaudio要素内のsource要素には、src属性を必ず指定する必要があります。type属性の値に指定するMIMEタイプには、次に示す使用例のようにコーデックを含めることもできます。

≫ 使用例

```
<video controls>
  <source src='trip.mp4' type='video/mp4; codecs="avc1.42E01E, mp4a.40.2"'>
  <source src='trip.ogv' type='video/ogg; codecs="theora, vorbis"'>
  …
</video>
```

! ここに注意

> video要素とaudio要素の内部にはtrack要素とフローコンテンツも配置可能ですが、source要素はそれよりも前に配置する必要があります。

1-9 - 4 video要素

video要素は、**動画を再生させるための要素**です。音声データを再生させるには、通常は次に説明するaudio要素を使用しますが、音声データを字幕つきで再生するためにvideo要素を使用することもできます。実際のところ、video要素とaudio要素は両方とも動画と音声の再生が可能で、両要素の主な違いは「動画や字幕といった視覚的なコンテンツの再生領域はvideo要素にしかない」という点だけです。

要素内容には、video要素に未対応の古いブラウザ向けのコンテンツ(動画ファイルへのリンクなど)を入れます。video要素に対応したブラウザは要素内容を表示しません。

video要素には、次の11種類の属性が用意されています。このうち、下の4つの属性(poster属性・playsinline属性・width属性・height属性)以外はすべてaudio要素と共通しています。

表1-9-4:video要素に指定できる属性

属性名	値の示すもの	指定可能な値
src	データのアドレス	URL(空文字は不可)
controls	再生・停止ボタンなどを含むコントローラーを表示させる	論理属性(属性名だけで指定可)
autoplay	ページが読み込まれたら自動的に再生を開始する	論理属性(属性名だけで指定可)
loop	ループ再生する(再生を繰り返す)	論理属性(属性名だけで指定可)
muted	デフォルトで音量が0の状態にする	論理属性(属性名だけで指定可)
preload	音声・動画データのプリロード(バッファリング)に関する指示	preload="none" または preload="metadata" または preload="auto"

crossorigin	元文書とは異なるオリジンからデータを取得する際の認証に関する設定	crossorigin="anonymous" または crossorigin="use-credentials"
poster ※video要素のみ	動画が再生可能となるまでのあいだに表示させる画像のアドレス	URL (空文字は不可)
playsinline ※video要素のみ	動画を(フルスクリーンや別ウィンドウではなく)インラインで表示させる	論理属性 (属性名だけで指定可)
width ※video要素のみ	幅	整数 (負の値は指定不可)
height ※video要素のみ	高さ	整数 (負の値は指定不可)

》使用例

```
<video src="trip.mp4" controls width="640" height="360">
  <p><a href="trip.mp4">動画ファイルをダウンロード</a></p>
</video>
```

図**1-9-1**：video要素の表示例

要素内容は表示されない

! ここに注意

source要素を使って形式の異なる複数のデータを指定する場合には、video要素のsrc属性は指定できません。

! ここに注意

video要素とaudio要素の要素内容の先頭にはsource要素とtrack要素を配置できますが、それら以降のコンテンツ・モデルはトランスペアレント(「1-2-1 HTML5以降の要素の種類 (p.026)」参照)となります。

1-9 - 5 audio要素

audio要素は、**音声を再生**させるための要素です。基本的な機能としては、video要素から視覚的なコンテンツの再生領域を取り除いたもので、使い方もほとんど同じです。
要素内容には、audio要素に未対応の古いブラウザ向けのコンテンツ（動画ファイルへのリンクなど）を入れます。audio要素に対応したブラウザは要素内容を表示しません。
audio要素には、次の7種類の属性が用意されています（すべてvideo要素にも指定可能な属性です）。

表1-9-5：audio要素に指定できる属性

属性名	値の示すもの	指定可能な値
src	データのアドレス	URL（空文字は不可）
controls	再生・停止ボタンなどを含むコントローラーを表示させる	論理属性（属性名だけで指定可）
autoplay	ページが読み込まれたら自動的に再生を開始する	論理属性（属性名だけで指定可）
loop	ループ再生する（再生を繰り返す）	論理属性（属性名だけで指定可）
muted	デフォルトで音量が0の状態にする	論理属性（属性名だけで指定可）
preload	音声・動画データのプリロード（バッファリング）に関する指示	preload="none" または preload="metadata" または preload="auto"
crossorigin	元文書とは異なるオリジンからデータを取得する際の認証に関する設定	crossorigin="anonymous" または crossorigin="use-credentials"

>> 使用例

```
<audio src="song4u.mp3" controls>
  <p><a href="song4u.mp3">音声ファイルをダウンロード</a></p>
</audio>
```

図1-9-2：audio要素の表示例

使用例を表示させると、controls属性が指定されているのでコントローラーが表示される

> **! ここに注意**
>
> source要素を使って形式の異なる複数のデータを指定する場合には、audio要素のsrc属性は指定できません。

1-9 - 6 track要素

track要素は、動画や音声データ（video要素またはaudio要素）に同期した**外部テキスト・トラック（字幕のデータなど）**を指定する場合に使用します。

表1-9-6：track要素に指定できる属性

属性名	値の示すもの	指定可能な値
src	データのアドレス	URL（空文字は不可）
srclang	テキスト・トラックの言語（日本語や英語など）の種類	言語コード（ja, enなど）
kind	テキスト・トラックの種類	kind="subtitles"　または kind="captions"　または kind="descriptions"　または kind="chapters"　または kind="metadata"
label	トラックの選択時にユーザーに提示するラベル	テキスト
default	その環境に適したトラックが他にない場合にデフォルトとして有効にするトラック	論理属性（属性名だけで指定可）

テキスト・トラックの種類を示すkind属性のキーワードの意味は次のとおりです。

表1-9-7：kind属性に指定可能なキーワードとその意味および利用方法

キーワード	キーワードの示す意味	利用方法
subtitles	音は聞こえるが理解できない場合向けの字幕（洋画の日本語字幕など）	映像に重ねて表示
captions	音が（明瞭には）聞こえない場合向けの字幕	映像に重ねて表示
descriptions	映像が（明瞭には）見えない場合向けの解説	合成音声で読み上げる
chapters	映像のチャプターのタイトル	操作により一覧を表示
metadata	スクリプトから利用することを想定したメタデータ	表示されない

≫ 使用例

```
<video src="trip.ogv" controls>
  <track kind="subtitles" src="trip.ja.vtt" srclang="ja" label="日本語">
  <track kind="subtitles" src="trip.en.vtt" srclang="en" label="English">
</video>
```

！ ここに注意

track要素は、video要素およびaudio要素の要素内容として、source要素よりも後、その他の要素よりも前に配置する必要があります。

1-9 - 7 embed要素

embed要素は、**外部アプリケーションやインタラクティブなコンテンツなどを、プラグインを使って組み込む**際に使用する要素です。元々はブラウザの独自拡張機能として誕生した要素でしたが、HTML5で正式な要素として採用されました。

embed要素は空要素ですので、プラグインが見つからなかった場合に使用するコンテンツを用意しておくことはできません。

表1-9-8：embed要素に指定できる属性

属性名	値の示すもの	指定可能な値
src	組み込む外部コンテンツのアドレス	URL（空文字は不可）
type	組み込むデータの種類	MIMEタイプ
width	幅	整数（負の値は指定不可）
height	高さ	整数（負の値は指定不可）

embed要素には、上記の属性のほかにもプラグイン独自の属性を指定することができます。ただし、その属性名は名前空間がなくXML互換である必要があります。
また、name・align・hspace・vspaceという名前の属性は指定できないことになっています。

≫ **使用例**

```
<embed src="game.swf" type="application/x-shockwave-flash" width="500" height="500"
quality="high">
```

1-9 - 8 map要素

map要素は**イメージマップを定義**するための要素です。map要素のname属性でイメージマップに名前を付け、その名前をimg要素のusemap属性に「usemap="#名前"」の書式で指定することで関連づけます。イメージマップで反応する各領域は、map要素内に入れたarea要素で設定します。

表1-9-9：map要素に指定できる属性

属性名	値の示すもの	指定可能な値
name	イメージマップの名前	テキスト

≫ 使用例

```
<img src="map.png" usemap="#navbar" alt="ナビゲーションバー">
...
<map name="navbar">
<area href="prev.html" alt="前ページ" shape="rect" coords="100,10,170,30">
<area href="next.html" alt="次ページ" shape="rect" coords="200,10,270,30">
</map>
```

！ ここに注意

map要素のコンテンツ・モデルはトランスペアレントです（「1-2-1 HTML5以降の要素の種類（p.026）」参照）。

1-9 - 9 area要素

area要素は、**イメージマップでリンクにする領域を定義**する空要素です。リンク先はhref属性で指定するのですが、href属性を省略するとその領域は反応しない領域となります。alt属性は、href属性を指定した場合は必須となり、href属性を指定していない場合は指定できなくなります。

表1-9-10：area要素に指定できる主な属性

属性名	値の示すもの	指定可能な値
alt	画像が利用できない場合に代わりに使用されるテキスト	テキスト（代替テキスト）
coords	イメージマップ内で操作に反応する領域の座標	整数（カンマ区切り）
shape	イメージマップで定義する領域の形状の種類	shape="rect" または shape="circle" または shape="poly" または shape="default"
href	リンク先のアドレス	URL
target	リンク先を表示させるブラウジングコンテキスト（ウィンドウやタブなど）を指定	ブラウジングコンテキスト名 または キーワード
download	リンク先がダウンロード用のファイルであることを示す	テキスト（ダウンロードする際のデフォルトのファイル名）
rel	リンクを含む元文書とリンク先との関係	キーワード（空白文字区切り）

反応する領域の形状は、shape属性で指定します。値はキーワードで指定し、rectは四角形、circleは円、polyは多角形、defaultは画像全体となります（HTML Living Standardでは、rectの代わりにrectangle、circleの代わりにcirc、polyの代わりにpolygonも指定

できます）。shape属性を省略した場合はrectを指定したことになります。

shape属性で指定した形状の各座標は、coords属性でカンマで区切って指定します。shape属性の値に応じて、次のように座標を指定します（shape属性の値にdefaultを指定した場合は、coords属性は指定できません）。

■ shape="rect"の場合
左上のx座標, 左上のy座標, 右下のx座標, 右下のy座標
■ shape="circle"の場合
円の中心のx座標, 円の中心のy座標, 半径
■ shape="poly"の場合
各座標をx座標, y座標の順に指定

> **▼ 補足説明**
>
> rel属性に指定できるキーワードについては、a要素の解説ページ（p.057）を参照してください。

1-9 - 10 object要素

object要素は、**さまざまな形式の外部データを組み込む**ための要素です。画像や別のHTML文書、プラグインを使用するデータを組み込むことができます。組み込む外部データのURLを指定するdata属性は、必ず指定する必要があります。

表1-9-11：object要素に指定できる属性

属性名	値の示すもの	指定可能な値
data	組み込むデータのアドレス	URL（空文字は不可）
type	組み込むデータの種類	MIMEタイプ
name	ブラウジングコンテキスト（フレーム）の名前	ブラウジングコンテキスト名またはキーワード
form	この要素を特定のform要素（id属性の値で指定）と関連づける	id属性の値
width	幅	整数（負の値は指定不可）
height	高さ	整数（負の値は指定不可）

> **！ ここに注意**
>
> HTML4.01やXHTML1.0では、width属性とheight属性の値に「ピクセル数」と「%を付けた値」の両方が指定できましたが、HTML5以降では「**ピクセル数**」しか指定できなくなっている点に注意してください。

> **！ ここに注意**
>
> object要素のコンテンツ・モデルはトランスペアレントです（「1-2-1 HTML5以降の要素の種類（p.026）」参照）。

用語解説 ＞ コンテナ

動画ファイルは、見方を変えれば映像と音声の両方のファイルを含んだ「入れ物（Container）」でもあります。そのため、動画ファイルのフォーマット（動画形式）は「コンテナ」と呼ばれることがあります。コンテナとしては、MPEG4（.mp4）、MOV（.mov）、AVI（.avi）、WMV（.wmv）などがあります。なお、MP3（.mp3）のように音声ファイルのみが含まれているコンテナもあります。

用語解説 ＞ コーデック

動画ファイルを圧縮するアルゴリズムのことを「コーデック」と言います。コーデックとしてはH.264、H.265、ProResが有名でよく使用されています。動画を編集をして完成したものを書き出す際、画質はそこそこでも軽く多くの環境で対応しているものにしたいのであればH.264、それよりもさらに軽くしたいのであればH.265、容量が大きくなっても画質を重視するのであればProResを選択するのが一般的です。

1-10 フォーム

ここが重要！

▶ **HTML5以降で追加された多数の属性を把握する**

▶ **HTML 5.1以降ではautocomplete属性が大幅に拡張されている**

▶ **datalist要素は、input要素に関連付けてサジェスト機能を追加する**

1-10 - 1 form要素

form要素は、**フォーム関連の要素をとりまとめ、ユーザーが入力・選択したデータをサーバーに送信するための要素**です。

表1-10-1：form要素に指定できる主な属性

属性名	値の示すもの	指定可能な値
action	フォームの送信先のURL	URL（空文字は不可）
accept-charset	フォーム送信時の文字コード	文字コード（UTF-8以外は指定不可）
autocomplete	フォーム内のオートコンプリート機能のデフォルト値	autocomplete="on" または autocomplete="off"
enctype	フォームのデータを送信する際のデータ形式をMIMEタイプで指定	enctype="application/x-www-form-urlencoded" または enctype="multipart/form-data" または enctype="text/plain"
method	フォームのデータを送信する際のHTTPメソッドを指定	method="get"または method="post"または method="dialog"
name	フォームの名前	テキスト
novalidate	入力（選択）内容のチェックを行わない	論理属性（属性名だけで指定可）
target	フォームの送信結果を表示させるブラウジングコンテキスト（ウィンドウやタブなど）を指定	ブラウジングコンテキスト名 または キーワード

1-10 - 2 input要素

input要素は、**type属性で指定したキーワードによって様々な種類の入力・選択用部品となる要素**です。

図1-10-1：type属性とその値による表示例

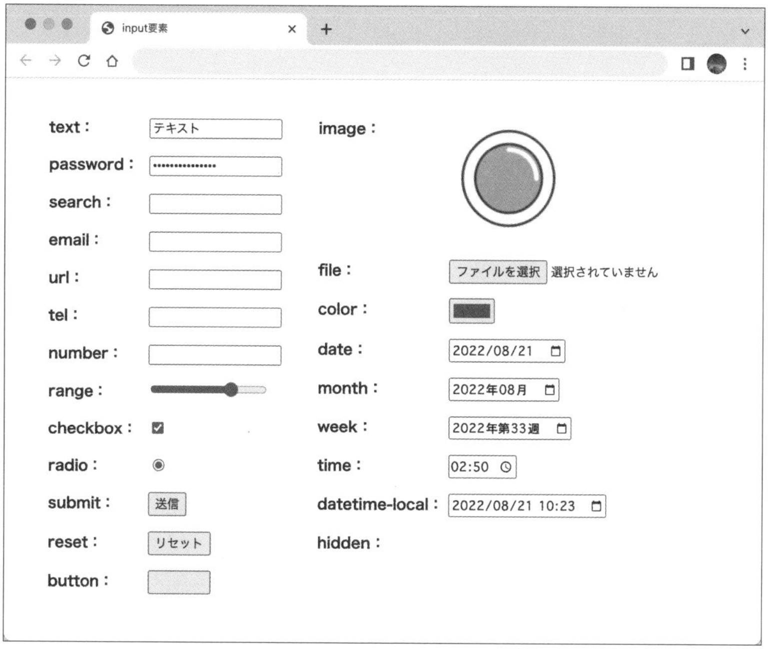

表1-10-2a：type属性に指定できるキーワード（1）

キーワード	フォーム部品の種類
text	1行のテキスト入力フィールド（デフォルト）
password	パスワード用入力フィールド
search	検索用入力フィールド
email	メールアドレス用入力フィールド（複数入力可）
url	URL入力用フィールド
tel	電話番号用入力フィールド
number	数値の入力
range	スライダー（おおまかな数値）
checkbox	チェックボックス
radio	ラジオボタン
submit	送信ボタン
reset	リセットボタン

次ページに続く

表1-10-2b：type属性に指定できるキーワード（2）

キーワード	フォーム部品の種類
button	汎用ボタン
image	画像の送信ボタン
file	送信するファイルの選択
color	色の入力
date	日付の入力
month	年と月の入力
week	年と週番号の入力
time	時刻の入力
datetime-local	タイムゾーンなしのローカルな日付と時刻の入力
hidden	表示させずに送信するテキスト

input要素に指定できる属性は次の通りです。HTML5以降のinput要素には、多くの属性が追加されています。

表1-10-3：input要素に指定できる属性

属性名	値の示すもの	指定可能な値
type	フォーム部品の種類	フォーム部品の種類をあらわすキーワード
accept	type="file" のときに受付可能なファイルの種類	MIMEタイプ（カンマ区切り）
alt	画像が利用できない場合に変わりに使用されるテキスト	テキスト（代替テキスト）
autocomplete	要素のオートコンプリート機能のオン／オフまたは自動入力すべき値を示すキーワードなど	autocomplete="on" または autocomplete="off" または自動入力詳細トークン
checked	チェックボックスまたはラジオボタンが選択済みの状態になっていることを示す	論理属性（属性名だけで指定可）
dirname	文字表記の方向を示す値を送信するフィールドの名前	テキスト（空文字は不可）
disabled	フォームの部品を無効にする	論理属性（属性名だけで指定可）
form	フォーム部品を特定のform要素（id属性の値で指定）と関連づける	id属性の値
formaction	フォームの送信先のURL	URL（空文字は不可）
formenctype	フォームのデータを送信する際のデータ形式をMIMEタイプで指定	formenctype="application/x-www-form-urlencoded" または formenctype="multipart/form-data"または formenctype="text/plain"
formmethod	フォームのデータを送信する際のHTTPメソッドを指定	method="get"または method="post"または method="dialog"
formnovalidate	入力（選択）内容のチェックを行わない	論理属性（属性名だけで指定可）

formtarget	送信結果を表示させるブラウジングコンテキスト(ウィンドウやタブなど)を指定	ブラウジングコンテキスト名またはキーワード
width	幅	整数(負の値は指定不可)
height	高さ	整数(負の値は指定不可)
list	サジェスト機能で使用する選択肢を持ったdatalist要素	datalist要素のid属性の値
max	最大値	type属性の値によって異なる
maxlength	最大文字数	整数(負の値は指定不可)
min	最小値	type属性の値によって異なる
minlength	最小文字数	整数(負の値は指定不可)
multiple	複数の入力・選択を許可する	論理属性(属性名だけで指定可)
name	フォーム部品の名前	テキスト
pattern	フォーム部品の値にマッチする正規表現パターン	JavaScriptの正規表現
placeholder	プレースホルダー(入力すべき値がわかるように入力欄内に表示される入力例や簡単な説明)	テキスト
readonly	値の編集(変更)ができないようにする	論理属性(属性名だけで指定可)
required	入力・選択されていることが必須であることを示す	論理属性(属性名だけで指定可)
size	幅を文字数で指定	整数(負の値は指定不可)
src	データのアドレス	URL(空文字は不可)
step	この属性で指定した数値の間隔でしか入力できなくする	0より大きい浮動小数点数 または step="any"
value	フォーム部品の値	type属性の値によって異なる

input要素の属性は、部品の種類(type属性に指定しているキーワード)によって指定できるものとできないものがあります。どの部品にどの属性が指定できるかについては、巻末資料の「A-2 input要素のtype属性の値による指定可能な属性一覧(p.307)」を参照してください。

accept属性は送信可能なファイルの種類をMIMEタイプで指定する属性ですが、HTML5からは「**audio/***」「**video/***」「**image/***」という値が指定可能となっています。それぞれ、「音声」「動画」「画像」のファイルであれば送信可能であることを意味します。値はカンマ区切りで複数指定でき、MIMEタイプ以外に**拡張子**(ピリオドで始まる文字列)を指定することも可能です。

autocomplete属性には「on」「off」というキーワードのほかに**自動入力詳細トークン**というものが指定できます。自動入力詳細トークンは、簡単に言えば「適切な自動入力のための詳細情報」で、多くのキーワードの中から複数を組み合せて指定でき、その指定順序にも決まりがあります。この属性は、input要素のほかにtextarea要素とselect要素でも指定できます。

form属性は様々なフォーム部品で共通して使用できる属性で、フォーム部品とform要素の関連付けをおこないます。HTML4.01やXHTML1.0のフォームでは、フォーム部品は自分を含むform要素としか関連付けられませんでした。HTML5以降では、部品がform要素の外部にある場合でも、**部品のform属性の値にform要素のid属性の値を指定するだけで関連付けることが可能**です。

また、HTML4.01やXHTML1.0のフォームでは、フォームの送信に関する設定を行う属性はform要素でしか指定できませんでしたが、HTML5以降では同じ機能を持つ属性が送信ボタンにも指定できるようになっています。具体的には、form要素の**action属性・enctype属性・method属性・novalidate属性・target属性**と同様の機能を持ち、その値を上書きすることのできる**formaction属性・formenctype属性・formmethod属性・formnovalidate属性・formtarget属性が追加**されています。

1–10 - 3 textarea要素

textarea要素は、**複数行のテキスト入力フィールド**となる要素です。要素内容として入れたテキストは、入力フィールドにあらかじめ入力された状態で表示されます。

表1-10-4：textarea要素に指定できる属性

属性名	値の示すもの	指定可能な値
cols	1行に入力可能な文字数	1以上の整数 (デフォルトは20)
rows	入力欄の行数	1以上の整数 (デフォルトは2)
autocomplete	要素のオートコンプリート機能のオン／オフまたは自動入力すべき値を示すキーワードなど	autocomplete="on" または autocomplete="off" または自動入力詳細トークン
dirname	文字表記の方向を示す値を送信するフィールドの名前	テキスト(空文字は不可)
disabled	フォームの部品を無効にする	論理属性 (属性名だけで指定可)
form	フォーム部品を特定のform要素 (id属性の値で指定)と関連づける	id属性の値
maxlength	最大文字数	整数 (負の値は指定不可)
minlength	最小文字数	整数 (負の値は指定不可)
name	フォーム部品の名前	テキスト
placeholder	プレースホルダー(入力すべき値がわかるように入力欄内に表示される入力例や簡単な説明)	テキスト
readonly	値の編集 (変更)ができないようにする	論理属性 (属性名だけで指定可)
required	入力・選択されていることが必須であることを示す	論理属性 (属性名だけで指定可)
wrap	フォームのデータを送信する際、入力されたテキストの行の折り返し部分に改行コードを加えるかどうか	wrap="soft" または wrap="hard"

1-10 - 4 button要素

button要素は、**要素内容がそのままラベルとして表示されるボタン**になる要素です。
type属性の値に「submit」を指定すると送信ボタン、「reset」を指定するとリセットボタン、
「button」を指定するとそのままでは何もしないボタンとなります。デフォルト値は
「submit」です。

> **! ここに注意**
>
> button要素の要素内容としてはフレージングコンテンツ（Phrasing content）が入れられま
> すが、インタラクティブコンテンツ（Interactive content）は一切含むことができない点に
> 注意してください。

表1-10-5：button要素に指定できる属性

属性名	値の示すもの	指定可能な値
type	ボタンの種類	type="submit" または type="reset" または type="button"
disabled	フォームの部品を無効にする	論理属性（属性名だけで指定可）
form	フォーム部品を特定のform要素（id属性の値で指定）と関連づける	id属性の値
formaction	フォームの送信先のURL	URL（空文字は不可）
formenctype	フォームのデータを送信する際のデータ形式をMIMEタイプで指定	formenctype="application/ x-www-form-urlencoded" または formenctype="multipart/form- data" または formenctype="text/plain"
formmethod	フォームのデータを送信する際のHTTPメソッドを指定	formmethod="get" または formmethod="post" または formmethod="dialog"
formnovalidate	入力（選択）内容のチェックを行わない	論理属性（属性名だけで指定可）
formtarget	送信結果を表示させるブラウジングコンテキスト（ウィンドウやタブなど）を指定	ブラウジングコンテキスト名またはキーワード
name	フォーム部品の名前	テキスト
value	フォームのデータを送信する際に使用される値	テキスト

1-10 - 5 select要素

select要素は、**選択肢の中から選ぶ形式のフォーム部品**になる要素です。選択肢はselect要素の内部でoption要素としてマークアップしますが、それらはoptgroup要素でグループ化することもできます。select要素の要素内容としては、script要素とtemplate要素を入れることもできます。

表1-10-6：select要素に指定できる属性

属性名	値の示すもの	指定可能な値
multiple	複数の選択を許可する	論理属性（属性名だけで指定可）
size	表示させる項目数	整数（負の値は指定不可）
autocomplete	要素のオートコンプリート機能のオン／オフまたは自動入力すべき値を示すキーワードなど	autocomplete="on" または autocomplete="off" または自動入力詳細トークン
disabled	フォームの部品を無効にする	論理属性（属性名だけで指定可）
form	フォーム部品を特定のform要素（id属性の値で指定）と関連づける	id属性の値
name	フォーム部品の名前	テキスト
required	選択されていることが必須であることを示す	論理属性（属性名だけで指定可）

1-10 - 6 option要素

option要素は、**select要素またはdatalist要素の選択肢**となる要素です。label属性が指定されているとその値が選択肢となりますが、label属性が指定されていない場合は要素内容が選択肢となります。また、value属性が指定されているとその値がサーバーに送信されますが、value属性が指定されていない場合は要素内容が送信されます。

表1-10-7：option要素に指定できる属性

属性名	値の示すもの	指定可能な値
selected	デフォルトで選択済みの状態になっていることを示す	論理属性（属性名だけで指定可）
label	要素内容よりも優先して表示される選択肢	テキスト
value	要素内容よりも優先してサーバーに送信される値	テキスト
disabled	フォームの部品を無効にする	論理属性（属性名だけで指定可）

▽ 補足説明

option要素の終了タグは、次の条件に当てはまる場合に省略可能です。

■ **直後に別のoption要素が続くとき**
■ **直後にoptgroup要素があるとき**
■ **親要素から見て、最後の子要素であるとき**

！ ここに注意

option要素にlabel属性とvalue属性の両方を指定する場合は、要素内容は空にしてください。

1-10 - 7 optgroup要素

optgroup要素は、select要素内の**option要素をグループ化して、そこにグループの名前 (ラベル) をつける要素**です。グループの名前はlabel属性で指定します（label属性は必ず指定する必要があります）。

optgroup要素の内容には、0個以上のoption要素のほか、script要素とtemplate要素も入れられます。

表**1-10-8**：optgroup要素に指定できる属性

属性名	値の示すもの	指定可能な値
label	グループの名前 (ラベル)	テキスト
disabled	フォームの部品を無効にする	論理属性 (属性名だけで指定可)

▽ 補足説明

optgroup要素の終了タグは、次の条件に当てはまる場合に省略可能です。

■ **直後に別のoptgroup要素が続くとき**
■ **親要素から見て、最後の子要素であるとき**

1-1
1-2
1-3
1-4
1-5
1-6
1-7
1-8
1-9
1-10
1-11
1-12

1-10 - 8 meter要素

meter要素は、その名のとおりメーター（ゲージ）として使用する要素です。具体的には、**特定の範囲内での位置を示す**場合に使用します（たとえばディスクの使用状況を示す場合など）。

要素内容には、この要素に未対応のブラウザ向けに、メーターの状態をテキストで表現したものを入れます。対応ブラウザでは、要素内容は表示されません。

表1-10-9：meter要素に指定できる属性

属性名	値の示すもの	指定可能な値
value	要素の現在値	浮動小数点数
min	メーターの示す範囲全体の下限	浮動小数点数
max	メーターの示す範囲全体の上限	浮動小数点数
low	メーターの範囲を「低」「中」「高」の3つに分割した場合の「低」の上限	浮動小数点数
high	メーターの範囲を「低」「中」「高」の3つに分割した場合の「高」の下限	浮動小数点数
optimum	メーターの示す範囲内での最適値	浮動小数点数

》 使用例

```
<p>ディスク使用量:
<meter min="0" max="300000000" value="230000000">
容量:300,000,000 バイト<br>
使用領域:230,000,000 バイト
</meter>
</p>
```

図1-10-2：meter要素の表示例

要素内容は表示されない

1-10 - 9 progress要素

progress要素は、**タスク（コンピューターが行っている作業）の進み具合をあらわす**ための専用要素です。

要素内容には、この要素に未対応のブラウザ向けに、現在の状態をテキストで表現したものを入れます。対応ブラウザでは、要素内容は表示されません。要素内容や属性値を逐次更新するにはスクリプトを利用します。

表1-10-10：progress要素に指定できる属性

属性名	値の示すもの	指定可能な値
value	現在の進み具合	浮動小数点数
max	タスクの全体量	浮動小数点数

》使用例

```html
<p>処理の進行状況:
<progress id="pbar" value="40" max="100"><span>40</span>%</progress>
</p>
```

図1-10-3：progress要素の表示例

要素内容は表示されない

1-10 - 10 datalist要素

datalist要素は、**input要素にサジェスト機能を追加する（入力候補の選択肢を与える）要素**です。datalist要素の中に入れた**option要素が選択肢**となります。input要素とdatalist要素を関連付けるには、**datalist要素のid属性**の値を**input要素のlist属性**に指定します。

datalist要素の使い方は2つあります。ひとつは、datalist要素の中にそのままoption要素を入れて選択肢にする、というシンプルな方法です。

≫ 使用例

```
<p>
  <label>
    取得したい資格:
    <input type="text" name="c" list="certifications">
    <datalist id="certifications">
      <option value="HTML5プロフェッショナル認定試験">
      <option value="ウェブデザイン技能検定">
      ...
    </datalist>
  </label>
</p>
```

図1-10-4：datalist要素の表示例

もうひとつは、datalist要素に未対応のブラウザ用に、要素内容としてselect要素を入れ、その中のoption要素を選択肢として使用させる方法です。

この場合は、テキストやlabel要素なども一緒に入れることができます。こうすることで、datalist要素に未対応のブラウザでは要素内容がそのまま表示されて使用でき、対応ブラウザでは要素内容は表示されずにoption要素だけが入力候補として使用されます。

≫ 使用例

```
<p>
  <label>
    取得したい資格:
    <input type="text" name="c1" list="certifications">
  </label>
  <datalist id="certifications">
    <br>
    <label>
      ※上の入力欄に入力するか、次のメニューから選択してください:
      <br>
      <select name="c2">
        <option value="">（未選択）</option>
        <option>HTML5プロフェッショナル認定試験</option>
        <option>ウェブデザイン技能検定</option>
        ...
```

```
        </select>
      </label>
    </datalist>
  </p>
```

図 1-10-5：datalist 要素に未対応のブラウザでの表示例

取得したい資格：
※上の入力欄に入力するか、次のメニューから選択してください：
✓ （未選択）
HTML5プロフェッショナル認定試験
ウェブデザイン技能検定

対応ブラウザでは前のサンプルと同様の表示になる

1-10 - 11 output要素

output要素は、**計算結果**やユーザーの操作による結果を示すための要素です。

表 1-10-11：output 要素に指定できる属性

属性名	値の示すもの	指定可能な値
for	計算の元となったフォーム部品を示す	計算の元となった要素のid属性やname属性の値（空白文字区切り）
name	フォーム部品の名前	テキスト
form	フォーム部品を特定のform要素（id属性の値で指定）と関連づける	id属性の値

≫ 使用例

```
<form onsubmit="return false" oninput="sum.value=a.valueAsNumber+b.valueAsNumber">
  <input name="a" type="number"> +
  <input name="b" type="number"> =
  <output for="a b" name="sum"></output>
</form>
```

図 1-10-6：output 要素の表示例

1-10 - 12 label要素

label要素は、その要素内容であるラベル（その部品が何の項目であるのかを示すテキスト）とフォームの部品とを関連付けるための要素です。関連付けられたラベルは、部品と一体化してユーザーの操作に反応するようになります。

ラベルと関連付けることのできるフォーム部品は、次の通りです。

- input要素（"type=hidden"以外）　・textarea要素　・button要素　・select要素
- meter要素　　　・progress要素　・output要素

これらの要素とラベルを関連付けるには、次の2通りの方法があります。

■上記要素をラベルとともにlabel要素の中に入れる
■上記要素にid属性を指定して、その値をlabel要素のfor属性にそのまま指定する

表1-10-12：label要素に指定できる属性

属性名	値の示すもの	指定可能な値
for	フォーム部品（id属性の値で指定）とラベルを関連づける	id属性の値

>> 使用例

```
<label><input type="checkbox" name="agree"> 同意する</label>
```

>> 使用例

```
<input type="checkbox" name="agree" id="ag">
<label for="ag">同意する</label>
```

⚠ ここに注意

label要素の要素内容としては、フレージングコンテンツ（Phrasing content）が入れられますが、次の要素は例外で入れられませんので注意してください。

- label要素
- label要素で関連付けようとしているフォーム部品以外のinput要素（"type=hidden"以外）、textarea要素、button要素、select要素、meter要素、progress要素、output要素

1-10 - 13 fieldset要素

fieldset要素は、**フォーム関連の要素をグループ化**するための専用要素です。要素内容の先頭にlegend要素を入れると、その要素内容がグループの名前として表示されます。

表1-10-13：fieldset要素に指定できる属性

属性名	値の示すもの	指定可能な値
disabled	フォームの部品を無効にする	論理属性（属性名だけで指定可）
form	フォーム部品を特定のform要素（id属性の値で指定）と関連づける	id属性の値
name	フォーム部品の名前	テキスト

> **！ ここに注意**
>
> fieldset要素の要素内容としては フローコンテンツ（Flow content）が入れられますが、legend要素を入れるのであれば必ず先頭に入れる必要があります。

1-10 - 14 legend要素

legend要素は、fieldset要素によってグループ化されたフォーム関連要素の**グループ名（キャプション）を表示させる**ための要素です。この要素を使用する場合は、必ずfieldset要素の内容の先頭に入れる必要があります。

≫ 使用例

```
<fieldset>
  <legend>個人情報</legend>
  <p>
    <label>
      名前:<br>
      <input type="text" name="nm">
    </label>
  </p>
  <p>
    <label>
      住所:<br>
      <textarea name="ad" rows="3"></textarea>
    </label>
  </p>
</fieldset>
```

図1-10-7：legend要素による表示例

1-1

1-2

1-3

1-4

1-5

1-6

1-7

1-8

1-9

1-10

1-11

1-12

1-11 テーブル

ここが重要！

▶ **HTML Living Standardでは、table要素のborder属性は削除されている**

▶ **tfoot要素は、tbody要素やtr要素よりも後に1つしか配置できない**

▶ **table要素内で使用する要素の多くは、終了タグを省略できる**

1-11 - **1** table要素

table要素は、表形式のデータをあらわすための要素です。

table要素内には、次の順で要素を配置します（1個以上のscript要素またはtemplate要素を混ぜて入れることも可能です）。

① **0個か1個のcaption要素**
② **0個以上のcolgroup要素**
③ **0個か1個のthead要素**
④ **0個以上のtbody要素または1個以上のtr要素**
⑤ **0個か1個のtfoot要素**

> **⚠ ここに注意**
>
> HTML 5.2まではtable要素にborder属性を指定することが可能でしたが、現在のHTML Living Standardではborder属性は指定できません。HTML Living Standardのtable要素に指定できる属性はグローバル属性だけです。

1-11 - 2 tr要素

tr要素は、**表の横一列**（table row）分のセルをとりまとめる要素です。

要素内容としては、0個以上のth要素・td要素のほか、script要素とtemplate要素を入れることもできます。

> **▼ 補足説明**
>
> tr要素の終了タグは、次の条件に当てはまる場合に省略可能です。
>
> ■ **直後に別のtr要素が続くとき**
> ■ **親要素から見て、最後の子要素であるとき**

1-11 - 3 th要素

th要素は、**見出し用のセル**（table header cell）をあらわす要素です。

要素内容としては フローコンテンツ（Flow content）が入れられますが、次の要素は例外となっています。

- ・h1〜h6要素　　・hgroup要素　　・header要素　　・footer要素
- ・section要素　　・article要素　　・aside要素　　・nav要素

表1-11-2：th要素に指定できる属性

属性名	値の示すもの	指定可能な値
colspan	セルの幅をセル何個分に拡張するか	1以上の整数
rowspan	セルの高さをセル何個分に拡張するか	0以上の整数
headers	この属性を指定したセルの見出しとなっているヘッダーセル	見出しとなっているヘッダーセルのid属性の値
scope	ヘッダーセルの見出しの対象となっているセルの範囲	scope="row" または scope="col" または scope="rowgroup" または scope="colgroup"
abbr	代替ラベル（簡略化した見出し）	テキスト（通常はセルの内容を短くしたもの）

> **▼ 補足説明**
>
> th要素またはtd要素のrowspan属性の値として0を指定すると、そのセル以降のすべての行のセルが1つのセルとしてまとめられます。ただし、該当するセルがthead要素・tbody要素・tfoot要素のいずれかに含まれている場合は、そのグループの範囲内でのみセルがまとめられます。

> **▼ 補足説明**
>
> th要素の終了タグは、次の条件に当てはまる場合に省略可能です。
>
> ■ **直後に別のth要素またはtd要素が続くとき**
> ■ **親要素から見て、最後の子要素であるとき**

1-11 - **4** td要素

td要素は、**データ用のセル**(table data cell)をあらわす要素です。要素内容としては フローコンテンツ(Flow content)が入れられます。

表1-11-3:td要素に指定できる属性

属性名	値の示すもの	指定可能な値
colspan	セルの幅をセル何個分に拡張するか	1以上の整数
rowspan	セルの高さをセル何個分に拡張するか	0以上の整数
headers	この属性を指定したセルの見出しとなっているヘッダーセル	見出しとなっているヘッダーセルのid属性の値

> **▼ 補足説明**
>
> td要素の終了タグは、次の条件に当てはまる場合に省略可能です。
>
> ■ **直後に別のth要素またはtd要素が続くとき**
> ■ **親要素から見て、最後の子要素であるとき**

1-11 - 5 thead要素

thead要素は、見出しとなっているtr要素をグループ化する要素です。thead要素の「thead」は「table header」の略で、簡単に言えば**表のヘッダー部分**をあらわす要素です。

要素内容としては、0個以上のtr要素のほか、script要素とtemplate要素を入れることもできます。

∨ 補足説明

thead要素の終了タグは、直後にtbody要素またはtfoot要素がある場合は省略可能です。

1-11 - 6 tbody要素

tbody要素の「tbody」は「table body」の略で、**表の本体部分**をあらわします。

要素内容としては、0個以上のtr要素のほか、script要素とtemplate要素を入れることもできます。

∨ 補足説明

tbody要素の開始タグは、tbody要素の直前に「終了タグの省略されているtbody要素・thead要素・tfoot要素」がなく、最初の内容がtr要素の場合に省略可能です（内容が空の場合には省略できません）。
また、tbody要素の終了タグは、次の条件に当てはまる場合に省略可能です。

■**直後にtbody要素またはtfoot要素が続くとき**
■**親要素から見て、最後の子要素であるとき**

1-11 - 7 tfoot要素

tfoot要素の「tfoot」は「table footer」の略で、**表のフッター部分**をあらわします。

要素内容としては、0個以上のtr要素のほか、script要素とtemplate要素を入れることもできます。

> **! ここに注意**
>
> HTML4.01やXHTML1.0のtfoot要素は、tbody要素やtr要素よりも前に配置する必要がありました。それがHTML5ではtbody要素やtr要素の前にでも後ろにでも配置できる仕様に変更され、さらにHTML 5.1以降ではtbody要素やtr要素よりも後にしか配置できない仕様に変更されています。

> **∨ 補足説明**
>
> tfoot要素の終了タグは、次の条件に当てはまる場合に省略可能です。
>
> ■ **親要素から見て、最後の子要素であるとき**

1-11 - 8 caption要素

caption要素は、**table要素のキャプション**（表のタイトル）となる要素です。要素内容としては、table要素以外のフローコンテンツ（Flow content）が入れられます。

> **∨ 補足説明**
>
> figure要素の要素内容がtable要素とfigcaption要素だけの場合、caption要素は省略してfigcaption要素の方を使ってキャプションを指定することになっています。

1-11 - 9 colgroup要素

colgroup要素は、**1列分以上の縦列**をグループ化する要素です。

> **! ここに注意**
>
> colgroup要素にspan属性を指定している場合は、colgroup要素の要素内容は空にします。span属性を指定していない場合は、0個以上のcol要素かtemplate要素を入れます。

> **▼ 補足説明**
>
> colgroup要素の開始タグは、その直前に終了タグの省略されたcolgroup要素がなく、要素内容の先頭がcol要素である場合には省略できます。
> colgroup要素の終了タグは、直後に空白文字やコメントが入っていなければ省略可能です。

表1-11-4：colgroup要素に指定できる属性

属性名	値の示すもの	指定可能な値
span	グループ化する縦列数	1以上の整数

1-11 - 10 col要素

col要素は、span属性のないcolgroup要素内に配置して、**1列分以上の縦列**をあらわす空要素です。col要素にspan属性を指定していなければ1列分の縦列をあらわし、span属性を指定して値に1以上の整数を指定していればその列分の縦列となります。

表1-11-5：col要素に指定できる属性

属性名	値の示すもの	指定可能な値
span	まとめて取り扱う縦列数	1以上の整数

1-12 その他

ここが重要!

▶ figure要素は図版、figcaption要素はそのキャプション

▶ details要素はディスクロージャーウィジェットの本体、summary要素はその見出し

▶ menu要素はツールバー、内部に配置する各li要素はそのコマンド

1-12 - 1 figure要素

figureという英単語は、図・図表・挿絵などの意味を持ちます。figure要素は、それがメインコンテンツの**本文から参照される図版**のようなコンテンツであることを示します。具体的な要素内容としては、図表・写真・イラスト・ソースコードの一部のような、**それ自身がまとまったひとつの完結した内容となっているフローコンテンツ（Flow content）**を入れます。

figure要素の図版にキャプションをつけるには、次に説明するfigcaption要素を使用します。

≫ 使用例

```
<p>
CSSを使用すると、影を表示させることができます(<a href="#fig01">図版01</a>)。
</p>
<figure id="fig01">
<figcaption>図版01:CSSでボックスに影を表示させる例</figcaption>
<pre><code>.sample {
    box-shadow: 3px 3px 10px #999;
}</code></pre>
</figure>
```

1-12 - 2 figcaption要素

figcaption要素は、figure要素で示す**図版のキャプションや説明文**部分をマークアップするための専用要素です。

> **！ ここに注意**
>
> figcaption要素は、figure要素内の一番前または一番後ろのいずれかにしか配置できない点に注意してください。

≫ 使用例

```
<figure>
  <figcaption>札幌の気候</figcaption>
  <img src="temp.png" alt="各月の気温のグラフ:1月の平均気温-3.6℃、2月の ～ ">
  <table>
    <caption>:各月の降水量:単位mm</caption>
    …
  </table>
</figure>
```

1-12 - 3 details要素

details要素は、詳細情報を表示させる領域の開く・閉じる（折りたたみと展開）を切り替えられる**ディスクロージャーウィジェットになる要素**です。要素内容の先頭にsummary要素を入れておくと、開く・閉じるの状態にかかわらず常に表示される見出しとなります。

この要素に**open属性**を指定すると最初から**開かれている状態**で表示されます。ユーザーが開く・閉じるを切り替えると、ブラウザが自動的にこの属性の追加と削除を行います。

表1-12-1：details要素に指定できる属性

属性名	値の示すもの	指定可能な値
open	詳細情報が開かれた状態になっている	論理属性（属性名だけで指定可）

≫ 使用例

```
<hr>
<details>
  <summary>見出し</summary>
```

```
    <p>詳細情報</p>
    <p>詳細情報</p>
</details>
<hr>
```

図**1-12-1**：details要素の表示例

1-12 - **4** summary要素

summary要素は、**ディスクロージャーウィジェットにおいて、開く・閉じるの状態にかかわらず常に表示されている見出し（内容を短く言い表したもの／キャプション）となる要素**です。要素内容には、基本的にはフレージングコンテンツ（Phrasing content）を入れますが、h1~h6要素またはhgroup要素を入れることも可能です。

> **！ここに注意**
>
> figcaption要素はfigure要素内の先頭または末尾に配置できますが、summary要素はdetails要素内の先頭にしか配置できない点に注意してください。

1-12 - **5** menu要素

menu要素は、それがツールバーであることをあらわす要素です。基本的にはul要素をツールバー専用にしたような要素で、内容として入れるli要素がツールバーの各コマンドとなります。

1-1

1-2

1-3

1-4

1-5

1-6

1-7

1-8

1-9

1-10

1-11

1-12

⌄ 補足説明

menu要素はHTML 4.01ではリストの一種（メニューリスト）として定義されていました。しかしHTML5の最初のバージョンでは仕様書から一旦削除され、HTML 5.1ではコンテキストメニュー用のまったく別の要素として再定義されました（子要素にはli要素ではなくmenuitem要素を配置することになっていました）。ところがHTML 5.2になると、menu要素はまた仕様書から削除されます。そしてHTML Living Standardでは、今度はツールバー専用のリスト（コマンドのリスト）となってまた復活しています。

≫ 使用例

```
<menu>
  <li><button onclick="bold()"><img src="bold.svg" alt="太字"></button></li>
  <li><button onclick="italic()"><img src="italic.svg" alt="斜体"></button></li>
  <li><button onclick="underline()"><img src="underline.svg" alt="下線"></button></li>
</menu>
```

1-12 - 6 iframe要素

iframe要素は、**HTML文書の中で別の文書を表示させる領域（ブラウジングコンテキスト）**となる要素です。「iframe」は「inline frame（インライン・フレーム）」の略です。

表1-12-2：iframe要素に指定できる主な属性

属性名	値の示すもの	指定可能な値
src	表示させる文書のアドレス	URL（空文字は不可）
srcdoc	インラインフレーム内に表示させるHTML文書データ	HTML文書のソースコード全体
name	ブラウジングコンテキスト（フレーム）の名前	ブラウジングコンテキスト名またはキーワード
allowfullscreen	フルスクリーン表示を許可	論理属性（属性名だけで指定可）
sandbox	この属性を指定したことによるセキュリティ上の制限のうち、解除する項目をキーワードで指定	「allow-same-origin」など13種類のキーワード（空白文字区切り）
width	幅	整数（負の値は指定不可）
height	高さ	整数（負の値は指定不可）

⌄ 補足説明

src属性とsrcdoc属性の両方を同時に指定することもできます。その場合、srcdoc属性の方が優先され、srcdoc属性に未対応のブラウザなどではsrc属性の文書が使用されます。

> **⚠ ここに注意**
>
> HTML4.01やXHTML1.0では、width属性とheight属性の値に「ピクセル数」と「%を付けた値」の両方が指定できましたが、HTML5以降では「**ピクセル数**」しか指定できなくなっている点に注意してください。

1-12 - **7** hr要素

hr要素は「**段落レベルで主題が変わるところ（区切り・変わり目）**」を示すための要素です。たとえば、**話題が変わるところ**や、物語の中で**場面が変わるところ**などで使用します。

> **⚠ ここに注意**
>
> hr要素は、HTML5よりも前のHTMLでは横罫線（horizontal rule）を表示させるための要素でした。現在でも一般的なブラウザでは横罫線として表示されますが、HTML5以降ではどう表示させるかが規定されているわけではなく、特に**線として表示させる仕様になっているわけではない**点に注意してください。

> **▼ 補足説明**
>
> セクションは、それ自体が主題の区切りを示すため、セクションとセクションの間にhr要素を入れる必要はありません。hr要素は、セクションの内部の「段落レベル」での区切りを示すために使用します。

≫ 使用例

```
<p>
「やっぱり、あのオレンジの本を選んでよかったね」と言って知子は微笑んだ。
僕はもう少し彼女と話していたかったのだが、終電の時間がせまっていたので彼女は先に店を出た。僕にとっては
二つの意味で喜ばしい夜だった。レベル1を両方ともクリアしたのだ。
</p>
<hr>
<p>
翌朝、目を覚ますとまぶしいほどの光の筋がカーテンの隙間から部屋に入り込んでいた。
…
</p>
```

1-12 - 8 script要素

script要素は、**HTML文書内にスクリプトまたはデータブロックを組み込む**ための要素です。スクリプトは要素内容として書き込むこともできますし、外部スクリプトをsrc属性で読み込ませることもできます。ただし、データブロックの場合は要素内容として書き込むことしかできません（データブロックの場合はsrc属性は使用できず、type属性は必須となります）。

表1-12-3：script要素に指定できる主な属性

属性名	値の示すもの	指定可能な値
src	外部スクリプトのアドレス	URL（空文字は不可）
type	スクリプトまたはデータブロックの種類	MIMEタイプ
async	スクリプトを非同期で読み込ませ、読み込み完了後すぐに実行させる	論理属性（属性名だけで指定可）
defer	スクリプトを非同期で読み込ませ、ページ全体の解析処理が完了してから実行させる	論理属性（属性名だけで指定可）
crossorigin	元文書とは異なるオリジンからデータを取得する際の認証に関する設定	crossorigin="anonymous" または crossorigin="use-credentials"

type属性を省略した場合のデフォルト値は「text/javascript」です。それ以外のものを組み込む場合は、type属性は必須となります。

> **! ここに注意**
>
> script要素にsrc属性が指定されている場合は、要素内容は空にするか、またはそのスクリプトの文法に合わせたドキュメンテーションしか入れられません。src属性が指定されていない場合の要素内容は、type属性の値によって異なります。

1-12 - 9 noscript要素

noscript要素は、**スクリプトが無効の場合に利用されるコンテンツを要素内容として持つ要素**です。したがって、スクリプトが有効の状態では、この要素は利用されません。

noscript要素がhead要素内に配置された場合は、要素内容としてlink要素・style要素・meta要素を入れることができます。それ以外の場所に配置された場合はトランスペアレントになります。

> **⚠ ここに注意**
>
> noscript要素はXML構文では使用できません。noscript要素はHTML構文でのみ有効です。

1-12 - 10 dialog要素

dialog要素は、ダイアログボックスのようなユーザーとやりとりするためのコンテンツをあらわす要素です。ダイアログボックスだけでなく、インスペクタやウィンドウを表示させたい場合にも使用できます。

この要素は論理属性であるopen属性が指定されるとアクティブになって表示され、ユーザーが操作可能になります。open属性が指定されていない場合、この要素は表示されません。

この要素はフローコンテンツで、内容としてもフローコンテンツを入れることができます。

≫ 使用例

```
<dialog>
    <p>エラーが発生しました。</p>
    <p><input type="button" value="OK"></p>
</dialog>
```

1-12 - 11 template要素

template要素は、その範囲が**スクリプトによって生成（複製・挿入）**される部分であることを示す要素です。

≫ 使用例

```
<table>
  ...
  <tbody>
    <template id="tb01">
    <tr>
      <td></td><td></td><td></td><td></td>
    </tr>
    </template>
  </tbody>
  ...
</table>
```

1-12 - 12 slot要素

シャドウツリー（カプセル化して外部からの影響を受けないようにした隠されたDOMツリー）内にslot要素を配置すると、シャドウツリーの外部からその位置にコンテンツを埋め込めるようになります。具体的には、シャドウツリー内のslot要素にname属性で名前をつけておき、外部の要素のslot属性にその名前を指定することで要素を埋め込めます。

> **! ここに注意**
>
> slot要素のコンテンツ・モデルはトランスペアレントです（「1-2-1 HTML5以降の要素の種類 (p.026)」参照）。

1-12 - 13 canvas要素

canvas要素は、**スクリプトによって描画するビットマップの動的なグラフィック**となる要素です。要素内容は、描画できない環境向けの内容となります。

表1-12-4：canvas要素に指定できる属性

属性名	値の示すもの	指定可能な値
width	幅	整数（負の値は指定不可）
height	高さ	整数（負の値は指定不可）

> **∨ 補足説明**
>
> canvas要素のwidth属性とheight属性にはデフォルト値が設定されています。widthは300、heightは150です。

≫ 使用例

```
<canvas width="800" height="400"></canvas>
```

> **! ここに注意**
>
> canvas要素のコンテンツ・モデルはトランスペアレントです（「1-2-1 HTML5以降の要素の種類（p.026）」参照）。

練 習 問 題

01　状況によっては開始タグと終了タグの両方を省略できる要素はどれか。該当するものを以下よりすべて選びなさい。

　　　A. title要素
　　　B. head要素
　　　C. html要素
　　　D. body要素
　　　E. p要素

02　DOCTYPE宣言として正しいものをすべて選びなさい。

　　　A. `<!doctype html>`
　　　B. `<!DOCTYPE HTML>`
　　　C. `<! doctype html>`
　　　D. `<!doctype html >`
　　　E. `< ! DOCTYPE HTML >`

03　以下の空要素の記述方法のうち、HTML構文で文法エラーとなるものはどれか。2つ選びなさい。

　　　A. `<br>`
　　　B. `<br/ >`
　　　C. `<br />`
　　　D. `<br></br>`
　　　E. `<br><br />`

04　HTMLのコメントの記述方法として正しくないものをすべて選びなさい。

　　　A. `<!-- コメント -->`
　　　B. `<! -- コメント -- >`
　　　C. `<!--- コメント --->`
　　　D. `<!-- -------コメント------- -->`
　　　E. `<!----------コメント---------->`

練 習 問 題

---

05 コンテンツ・モデルがトランスペアレントの要素をすべて選びなさい。
A. a要素
B. label要素
C. del要素
D. ruby要素
E. audio要素

06 class属性またはid属性の値の指定方法として間違っているものはどれか。すべて選びなさい。
A. class=""
B. id=""
C. id="abc xyz"
D. class="abc xyz"
E. class = " abc   xyz "

07 次の属性のうち、任意の要素に指定可能でないものはどれか。1つ選びなさい。
A. dir属性
B. hidden属性
C. data属性
D. data-*属性
E. inputmode属性

08 論理型属性であるchecked属性の指定方法として間違っているものを1つ選びなさい。
A. <input type="checkbox" checked>
B. <input type="checkbox" checked="">
C. <input type="checkbox" checked="true">
D. <input type="checkbox" checked="checked">
E. <input type="checkbox" checked=checked>

09　head要素の要素内容に関する以下の記述のうち、正しいものをすべて選びなさい。

　　A．base要素は0個または1個しか配置できない

　　B．title要素は0個または1個しか配置できない

　　C．title要素は必ず1個配置しなければならない

　　D．base要素は必ず1個配置しなければならない

　　E．base要素もtitle要素も指定できる数に制限はなく、最後の指定が有効になる

10　address要素に入れるコンテンツとして適切なものを以下よりすべて選びなさい。

　　A．更新日付

　　B．免責事項

　　C．問い合わせ先

　　D．著作権に関する情報

　　E．問い合わせ先ではない一般的な住所

11　以下の要素のうち、セクションをあらわす要素はどれか。すべて選びなさい。

　　A．navi

　　B．header

　　C．main

　　D．body

　　E．aside

12　em要素とstrong要素の違いについて述べた以下の文章のうち、正しいものを1つ選びなさい。

　　A．em要素もstrong要素も強調を示し、その度合いはstrong要素の方が強い

　　B．em要素もstrong要素も重要性を示し、その度合いはstrong要素の方が強い

　　C．strong要素は、タグを付ける位置を変えると文章の意味も変化する

　　D．em要素は、タグを付ける位置を変えると文章の意味も変化する

　　E．em要素もstrong要素も、タグを付ける位置で文章の意味が変わることはない

練 習 問 題

13 一般的なWebページのフッター領域にある「Copyright © 2022 ○○○. All rights reserved.」のようなテキストは、どの要素の内容として入れるべきか。もっとも適切なものを1つ選びなさい。

A. div
B. small
C. tfoot
D. aside
E. address

14 time要素の使い方として正しいものをすべて選びなさい。

A. `<time>17:45</time>`
B. `<time format="2022-11-28">当日</time>の朝、`
C. `<time value="2022-11-28">当日</time>の朝、`
D. `<time data="2022-11-28">当日</time>の朝、`
E. `<time datetime="2022-11-28">当日</time>の朝、`

15 学名をマークアップするのにふさわしい要素はどれか。1つ選びなさい。

A. i要素
B. u要素
C. q要素
D. b要素
E. s要素

16 レビュー記事における製品名、概要説明におけるキーワード、記事のリード文などをマークアップするのにふさわしい要素はどれか。1つ選びなさい。

A. b要素
B. i要素
C. s要素
D. u要素
E. q要素

17 すでに正しい情報ではなくなった部分や、関係のない情報となってしまった部分をマークアップするのにふさわしい要素はどれか。1つ選びなさい。

    A．u要素

    B．s要素

    C．q要素

    D．i要素

    E．b要素

18 中国語の固有名詞やスペルミスの箇所をマークアップするのにふさわしい要素はどれか。1つ選びなさい。

    A．i要素

    B．u要素

    C．s要素

    D．q要素

    E．b要素

19 dl要素を「用語の定義」に使用する場合、dt要素の内部で使用すべき要素はどれか。以下より1つ選びなさい。

    A．i要素

    B．dd要素

    C．b要素

    D．dfn要素

    E．cite要素

20 「合格」という漢字にルビを振っている次のソースコードの①②③に入る要素名の組み合わせはどれか。以下より1つ選びなさい。

```
<①>合格<②>(</②><③>ごうかく</③><②>)</②></①>
```

    A．ruby, rt, rp

    B．rt, rp, rb

    C．rt, rp, ruby

    D．ruby, rp, rt

    E．rb, rt, rp

練 習 問 題

21 img要素の属性に関する以下の記述のうち、正しいものをすべて選びなさい。

　A．　src属性は必ず指定しなければならない

　B．　loading属性が指定できる

　C．　alt属性は必ず指定しなければならない

　D．　width属性とheight属性の値にはCSS3の単位が使用できる

　E．　width属性とheight属性の値にはパーセント値を指定できる

22 右のソースコードの①②③④に入る要素名および属性名の組み合わせはどれか。以下より1つ選びなさい。

```
<①>
    <② ③="(min-width: 50em)" ④="l.jpg">
    <② ③="(min-width: 30em)" ④="m.jpg">
    <img src="s.jpg" alt="">
</①>
```

　A．　div, img, sizes, src

　B．　figure, img, sizes, src

　C．　picture, img, sizes, src

　D．　picture, source, media, src

　E．　picture, source, media, srcset

23 次のソースコードの①②③に入る属性名の組み合わせはどれか。以下より1つ選びなさい。

```
<img ①="100vw" ②="s.jpg" ③="s.jpg 450w, m.jpg 900w" alt="">
```

　A．　size, src, sizes

　B．　sizes, src, srces

　C．　sizes, src, srcset

　D．　width, src, sizes

　E．　width, src, srcset

24 ピクセル密度が2倍のデバイスで閲覧したときに「logo200.png」を表示させたい場合、①に指定すべきピクセル密度記述子を記述しなさい。

```
<img src="logo.png" srcset="logo200.png ①" alt="株式会社マイナビ">
```

　　　　[　　　　　　]

25 source要素の使い方に関する説明のうち、正しいものをすべて選びなさい。

A. picture要素内のsource要素には、media属性の指定が必須である

B. picture要素内のsource要素には、srcset属性の指定が必須である

C. picture要素内のsource要素よりもあとに、img要素を必ず1つ配置する必要がある

D. video要素内にsource要素を配置する場合、video要素にsrc属性は指定できない

E. video要素とaudio要素内のsource要素には、src属性を必ず指定する必要がある

26 HTML5以降では、form要素の外部にあるフォーム部品でもform要素と関連づけることが可能となっている。その関連づけのためにフォーム部品側で使用する属性は次のうちどれか。以下より1つ選びなさい。

A. id属性

B. form属性

C. formmethod属性

D. formaction属性

E. formenctype属性

27 以下のキーワードのうち、input要素のtype属性の値として指定できるものをすべて選びなさい。

A. color

B. fax

C. tel

D. photo

E. numeric

28 datalist要素をinput要素と関連づけるには、input要素のどの属性を使用するか。正しいものを1つ選びなさい。

A. id属性

B. for属性

C. formvalue属性

D. value属性

E. list属性

1-1

1-2

1-3

1-4

1-5

1-6

1-7

1-8

1-9

1-10

1-11

1-12

練 習 問 題

29 table要素のborder属性の指定方法として正しいものを以下よりすべて選びなさい。

A. `border`

B. `border="0"`

C. `border=""`

D. `border="1"`

E. border属性は指定できない

30 tfoot要素を配置できる場所として正しいものを以下よりすべて選びなさい。

A. thead要素の前

B. tr要素の前

C. tbody要素の前

D. tbody要素の後

E. tfoot要素の後

31 figcaption要素の使い方として正しいものをすべて選びなさい。なお、「〜図版〜」と書かれている部分には、figcaption要素以外のフローコンテンツ（Flow content）があるものとする。

A. `<figcaption>キャプション</figcaption><figure> 〜図版〜 </figure>`

B. `<figure> 〜図版〜 </figure><figcaption>キャプション</figcaption>`

C. `<figure><figcaption>キャプション</figcaption> 〜図版〜 </figure>`

D. `<figure> 〜図版〜 <figcaption>キャプション</figcaption></figure>`

E. `<figure> 〜図版〜 <figcaption>キャプション</figcaption> 〜図版〜 </figure>`

32 detailes要素のコンテンツ・モデルの説明として正しいものを1つ選びなさい。

A. 要素内容には、フローコンテンツしか配置できない。配置位置に制限はない

B. まずフローコンテンツを配置し、その末尾にlabel要素を1つ配置できる

C. 先頭にlabel要素を1つ配置でき、そのあとにはフローコンテンツが配置できる

D. 先頭にsummary要素を1つ配置でき、そのあとにはフローコンテンツが配置できる

E. まずフローコンテンツを配置し、その末尾にsummary要素を1つ配置できる

33 ツールバーをマークアップするために用意されている要素の組み合わせはどれか。以下より1つ選びなさい。

    A. `ul, li`

    B. `menu, li`

    C. `toolbar, command`

    D. `menu, menuitem`

    E. `select, option, optgroup`

34 hr要素は、何をあらわす要素か。もっとも適切なものを1つ選びなさい。

    A. 横罫線

    B. ヘアライン

    C. 見出しレベルでの主題の区切り

    D. 段落レベルでの主題の区切り

    E. セクションレベルでの主題の区切り

35 script要素とnoscript要素に関する以下の記述のうち、正しいものをすべて選びなさい。

    A. `script`要素には`nonce`属性が指定できる

    B. `script`要素でデータブロックを読み込ませる場合、`type`属性は省略できる

    C. スクリプトもデータブロックも、`script`要素の`src`属性で読み込ませることができる

    D. `noscript`要素はXML構文では無効となる

    E. `noscript`要素は`head`要素内には配置できない

36 script要素のtype属性を省略した場合のデフォルト値となるMIMEタイプを記述しなさい。

    [　　　　　　　　　　　　　　　　　]

練習問題の答え

01の答え　B、C、D　» 1-1 -1 で解説

状況によって開始タグと終了タグの両方を省略できるのは、html要素・head要素・body要素・colgroup要素・tbody要素のみです。p要素は終了タグのみ省略できます。

02の答え　A、B、D　» 1-1 -3 で解説

HTML5以降のDOCTYPE宣言は小文字で書いても大文字で書いてもOKです。「<!DOCTYPE」の部分は続けて書く必要がありますので、CとEは間違いです。

03の答え　B、D　» 1-1 -1 で解説

HTML5以降の空要素の「/」と「>」の間には空白文字は入れられません。また、空要素には終了タグを指定できません。Eの

 は空要素が2つ連続して配置されていると認識されますが、文法エラーではありません。

04の答え　B　» 1-1 -5 で解説

「<!--」と「-->」はそれぞれ続けて書く必要があります（途中に半角スペースを入れることはできません）。HTML 5.2以降のHTML構文では、コメント内部のテキストに「--」を含むことができます。

05の答え　A、C、E　» 1-2 -1 で解説

トランスペアレントに該当するのは、a要素・ins要素・del要素・object要素・audio要素・video要素・canvas要素・map要素・noscript要素・slot要素の10種類だけです。しっかりおぼえておきましょう。

06の答え　B、C　» 1-3 -2、1-3 -3 で解説

id属性の値には必ず1文字以上を入れる必要があり、値に空白文字を含むことはできませんが、class属性の値にはそのような制限はありません。属性の「=」の前後には空白文字を入れることができます。

07の答え　C　» 1-3 -1、1-3 -8、1-9 -10 で解説

Cのdata属性は、object要素にしか指定できません。dir属性・hidden属性・inputmode属性はグローバル属性、data-*属性はカスタムデータ属性なので任意の要素に指定できます。

08の答え　C　» 1-3 -1、1-10 -2 で解説

checked属性は論理型属性なので、属性名だけで指定できますし、BやDのようにも指定できます。属性値の引用符も省略可能です。ただし、値としてtrueやfalseは指定できません。

09の答え　A、B　» `1-4`-`2`で解説

　HTML5よりも前のHTML/XHTMLでは、head要素内にtitle要素を必ず1つ入れる必要がありましたが、HTML5以降では条件によってはtitle要素を省略できます。

10の答え　C　» `1-5`-`11`で解説

　HTML5以降のaddress要素の内容として入れられるのは、問い合わせ先（連絡先）の情報だけです。それ以外の情報は一切入れられない仕様になっている点に注意してください。

11の答え　E　» `1-5`-`1`で解説

　HTML5以降でセクションをあらわす要素は、section要素・article要素・aside要素・nav要素の4種類だけです。naviという名前の要素はありません。

12の答え　D　» `1-6`-`3`、`1-6`-`4`で解説

　em要素は強調部分を示し、strong要素は重要・重大・緊急である部分を示します。強調する部分を変えると意味が変化しますが、重要・重大・緊急な部分を変更しても意味合いは変わりません。

13の答え　B　» `1-6`-`9`で解説

　Copyrightの表記は、footer要素の中に入れたsmall要素の内容として入れるのが一般的です。HTML5以降では、address要素の中に問い合わせ先以外の情報を入れることはできません。

14の答え　A、E　» `1-6`-`11`で解説

　time要素に指定可能な属性は、グローバル属性を除くとdatetime属性だけです。したがって、format属性やdata属性、value属性は指定できません。datetime属性の指定は必須ではなく、要素内容が機械読み取り可能な書式になっていれば、Aのように書くこともできます。

15の答え　A　» `1-6`-`15`で解説

　i要素は、日本語環境で利用する機会は多くありませんが、生物の学名を示す場合には使用されます。一般に、学名はイタリックで表記するということをおぼえておきましょう。

16の答え　A　» `1-6`-`14`で解説

　もともとは太字（bold）で表示させる要素であったb要素が正解。b要素は表示方法を指定するための要素ではなくなりましたが、結局は太字で表示されることをイメージするとおぼえやすくなります。

練習問題の答え

17の答え　B 》 1-6 -16 で解説

s要素はもともと取消線が引かれた状態 (strike-through) で表示させるための要素です。意味から考えて、どう表示させるのが適切かを想像するとs要素となります。

18の答え　B 》 1-6 -17 で解説

u要素はもともと下線 (underline) を引く要素です。中国語では、テキストの下に線を引くことで、その部分が固有名詞であることを示す場合がある、ということをおぼえておきましょう。

19の答え　D 》 1-7 -4 で解説

HTML5では、dl要素の「dl」の意味が「definition list (定義リスト)」から「description list (説明リスト)」に変更されました。そのため、dl要素を用語の定義に使用するのであれば、「定義」の意味合いを補うためにdfn要素 (定義対象の用語であることを示す要素) を使用する必要があります。

20の答え　D 》 1-8 -1 ～ 1-8 -3 で解説

ruby要素はルビ関連の要素をすべて含む要素です。rp要素の「p」は「parentheses(パーレン=丸かっこ)」、「rt」は「ruby text (ルビのテキスト)」の略です。それぞれの略語の意味と役割をしっかりおぼえておきましょう。

21の答え　A、B 》 1-9 -1 で解説

img要素にsrc属性は必須ですが、alt属性は条件によっては省略できます。loading属性は、HTML Living Standardで追加された属性です。width属性とheight属性に関しては、「CSSピクセル数 (単位のない0以上の整数)」しか指定できません。

22の答え　E 》 1-9 -1 ～ 1-9 -3 で解説

AとBは一見問題がないようにも見えますが、③の値は条件式のみで幅が指定されていませんので、③はsizes属性ではないことがわかります。①がpicture要素である場合、picture要素内のsource要素にはsrc属性は指定できませんので、CとDは不正解となります。

23の答え　C 》 1-9 -1 で解説

レスポンシブイメージ用にHTML 5.1で追加された属性は、sizes属性とsrcset属性です。size属性はinput要素やselect要素向けの属性で、srcesという名前の属性はありません。①の属性値にはCSS3で使用される単位が付けられていますので、width属性ではないことがわかります。

24の答え　2x　》 `1-9` - `1` で解説

　ピクセル密度記述子は、ピクセル密度が何倍かを示す数値(浮動小数点数)の直後に小文字の「x」をつけて指定します。

25の答え　B、C、D、E　》 `1-9` - `2` ～ `1-9` - `4` で解説

　picture要素内のsource要素には、media属性またはtype属性のいずれかが指定されていれば問題ありません。picture要素内のsource要素にはsrcset属性が必須で、video要素とaudio要素内のsource要素にはsrc属性が必須となります。

26の答え　B　》 `1-10` - `2` で解説

　id属性はフォーム部品側ではなくform要素で指定します。そのid属性の値をフォーム部品のform属性に指定することで外部のform要素と関連づけることができます。

27の答え　A、C　》 `1-10` - `2` で解説

　「fax」と「photo」はautocomplete属性の自動入力詳細トークンで指定可能なキーワードです。「numeric」はinputmode属性に指定可能な数値の入力モードを表すキーワードで、type属性の場合は数値の入力欄をあらわす「number」が指定できます。

28の答え　E　》 `1-10` - `10` で解説

　datalist要素とinput要素を関連付けるには、datalist要素のid属性の値をinput要素のlist属性に指定します。for属性にはid属性の値が指定できますが、for属性を使用できるのはoutput要素とlabel要素だけです。

29の答え　E　》 `1-11` - `1` で解説

　table要素のborder属性は、HTML Living Standard で削除されました。この属性は、HTML 5.2まではレイアウト用のテーブルではないことを示す属性として定義されており、値としては1か空で指定することだけが認められていました。

30の答え　D　》 `1-11` - `7` で解説

　HTML 5.1以降では、thead要素・tbody要素・tr要素よりも前にtfoot要素を配置することはできません(HTML5の最初のバージョンではtbody要素・tr要素よりも前に配置可能でしたが、HTML 5.1で仕様変更されています)。

練 習 問 題 の 答 え

31の答え　C、D　≫ 1-12 - 2 で解説

figcaption要素は、HTML 5.1とHTML 5.2ではfigure要素内であれば任意の位置に配置できました が、HTML Living Standardではfigure要素内の先頭または末尾にしか配置できない仕様となっています。AとBは、figcaption要素がfigure要素の外部にあるので間違いとなります。

32の答え　D　≫ 1-12 - 3 、 A-1 で解説

detailes要素の内部に配置できるのは、summary要素とフローコンテンツ（Flow content）だけです。summary要素は最初の子要素として配置する必要があります。

33の答え　B　≫ 1-12 - 5 で解説

ツールバーは、その全体をmenu要素で囲い、内部の各コマンドはli要素でマークアップします。menu要素はul要素をツールバー専用にしたような要素で、構造も同じです。

34の答え　D　≫ 1-12 - 7 で解説

hr要素は「段落レベル」での主題の区切りをあらわします。見出しとセクションは、それ自体が主題の区切りを示すためhr要素は使用しません。

35の答え　A、D　≫ 1-12 - 8 、 1-12 - 9 で解説

nonce属性はグローバル属性ですので、どの要素にも指定できます。script要素でデータブロックを指定する場合、type属性の指定は必須となり、src属性は使用できなくなります。noscript要素はhead要素内にも配置できますが、XML構文では無効となります。

36の答え　text/javascript　≫ 1-12 - 8 で解説

HTML5からは、このようにtype属性にデフォルト値が設定されたことにより、それまでは必須だったtype属性が省略可能となりました。style要素やlink要素（rel="stylesheet"の場合）のtype属性にも、同様にデフォルト値「text/css」が設定されています。

Chapter

2

CSS

2-1 CSSの基礎知識

ここが重要！

▶ **CSSの書式には自由に空白文字を入れられるが、セレクタだけは例外**

▶ **link要素とstyle要素に「type="text/css"」の指定は不要**

▶ **link要素とstyle要素のmedia属性と@importにはメディアクエリが指定可能**

2-1 - 1 基本的な書式と各部の名称

CSSの基本となる書式の先頭には、適用先を示す**セレクタ（selector）**を書きます。セレクタにはさらに多くの書式がありますので、それらについての詳細は「2-2 セレクタ（p.147）」で別途説明します。セレクタに続く**{ }**の範囲全体を**宣言ブロック（declaration block）**と言い、その中のそれぞれの表示指定は**宣言（declaration）**と言います。宣言ブロックの中に宣言が複数ある場合は、それらを**セミコロン（;）**で区切ります（最後の宣言には付けても付けなくてもかまいません）。

宣言の前半部分は**プロパティ名（property name）**と言い、**コロン（:）**で区切られた後半部分は**プロパティ値（property value）**と言います。ただし、一般的には簡略化して、「プロパティ名」を「プロパティ」、「プロパティ値」を「値」と呼ぶことが多いようです。

図2-1-1：CSSの書式の各部の名称

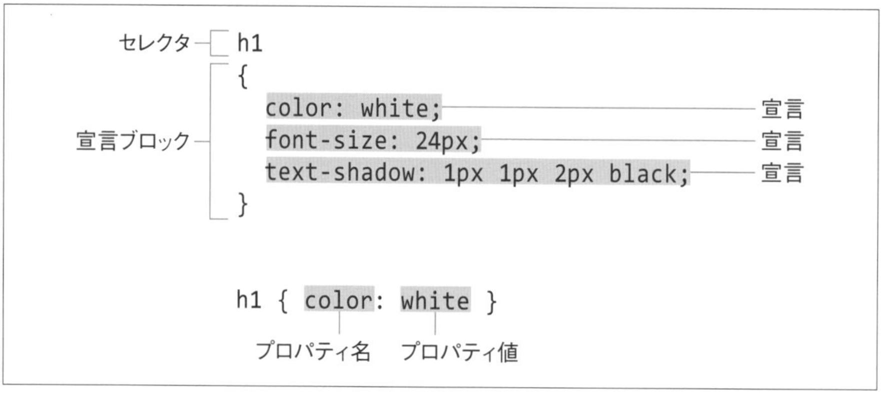

```
    セレクタ ─┌─ h1
             ├─ {
宣言ブロック ─┤   color: white;─────────── 宣言
             │   font-size: 24px;──────── 宣言
             │   text-shadow: 1px 1px 2px black;── 宣言
             └─ }


         h1 { color: white }
            プロパティ名  プロパティ値
```

> **!** ここに注意
>
> 書式を構成する各部分の前後には、自由に空白文字を入れてソースコードを読みやすく整形することができます。ただし、セレクタの部分だけは例外で、書式の内部に空白文字を入れると場所によっては特別な意味を持ってしまいますので注意してください。

また、適用先を示す**セレクタは、カンマ（,）で区切ることで複数指定することが可能**です（つまり、まったく同じ表示指定を複数の適用先にまとめて適用できるということです）。

図2-1-2：カンマによるセレクタの複数指定の例

```
           セレクタ
   ┌─────────────────────┐
   h1, p, address, small {
     color: #333;
     background: #fff;
   }
```

このように指定すると、h1要素・p要素・address要素・small要素に「color: #333;」と「background: #fff;」が適用される

> **▽ 補足説明**
>
> CSSでは、/* と */ で囲んだ範囲がコメントになります。

2-1-2 link要素でHTMLに組み込む

「1-4-6 link要素（p.044）」で説明した通り、link要素は**関連する別の文書やファイルなどを示す**ための空要素です。**外部スタイルシート**を読み込む際にも、このlink要素が使用されます。

用語解説 > 外部スタイルシート（External Style Sheet）

スタイルシートだけを書き込んだ専用ファイルのことを外部スタイルシートと言います。HTMLの場合は通常はCSS（MIMEタイプは「text/css」）を使用しますが、仕様上はCSS以外のスタイルシート言語にも対応できるようになっています。

link要素にmedia属性を指定すると、読み込んだ**外部スタイルシートを適用するメディアを限定**することができます。media属性の値には「3-2 メディアクエリ（Media Queries）（p.230）」で解説するメディアクエリが指定できますが、適用対象の機器の種類だけを限定したい場合には次のキーワードが指定できます（カンマ区切りで複数指定できます）。

表2-1-1：media属性に指定できる基本的なメディア型のキーワードとそれが示す適用対象

キーワード	適用対象となるメディアの種類
all	すべての機器 (デフォルト値)
screen	PCやスマートデバイスなどの画面
print	プリンタ
projection	プロジェクタ
tv	テレビ
handheld	携帯用機器 (画面が小さく回線容量も小さい機器)
tty	文字幅が固定の端末 (テレタイプやターミナルなど)
speech	スピーチ・シンセサイザー (音声読み上げソフトなど)
braille	点字ディスプレイ
embossed	点字プリンタ

⚠ ここに注意

HTML5以降では、link要素によってスタイルシートが読み込まれる際のデフォルト値 (text/css) が設定されています。これによって、CSSのファイルを読み込ませるのであれば、type属性を省略することが可能となっています。

≫ 使用例

```
<!DOCTYPE html>
<html>
<head>
...
<link rel="stylesheet" href="style.css">
</head>
<body>
...
</body>
</html>
```

2-1 - 3 style要素でHTMLに組み込む

style要素は、**要素内容としてCSSを組み込むことのできる要素**です。かつてはCSS以外のスタイルシートも書き込める仕様になっていましたが、現在ではCSS専用となっており、type属性によるMIMEタイプの指定は不要です (type属性は仕様から削除されています)。

表2-1-2：style要素に指定できる属性

属性名	値の示すもの	指定可能な値
media	適用対象のメディア	メディアクエリ
blocking	外部リソースを読み込んでいるときに中断させる作業	blocking="render"

> ✓ **補足説明**

> style要素に「blocking="render"」を指定すると、外部のファイルを読み込んでいる間は
> ブラウザがレンダリング作業を中断します。これによって、後述する「@import」を使った
> 外部スタイルシートの読み込みが遅れた場合などに、CSSが適用されていない状態の
> HTML文書が表示されてしまうことを防ぐことができます。現在のところ、blocking属性
> に指定可能な値は「render」だけです。
> blocking属性は、style要素のほかlink要素とscript要素にも指定できます。

>> **使用例**

```
<!DOCTYPE html>
<html>
<head>
...
<style>
  body {
    color: #333;
    background: #fff;
  }
  p { font-size: 13px; }
</style>
</head>
<body>
...
</body>
</html>
```

2-1 - 4 style属性でHTMLに組み込む

グローバル属性である**style属性を指定して、その値としてCSSを組み込む**ことができま
す。ただし、適用先は属性を指定した要素となりますので、値にはセレクタと宣言ブロッ
クの範囲を示す波カッコは書かずに、宣言だけを記入します。

>> **使用例**

```
<!DOCTYPE html>
<html>
<head>
```

次ページに続く

```
...
</head>
<body style="color: #333; background: #fff;">
<p style="font-size: 13px;">
...
</p>
</body>
</html>
```

！ ここに注意

詳しくは「2-3 CSS適用の優先順位（p.154）」で説明しますが、CSSの表示指定が競合した場合の優先順位はセレクタの書き方で決まります。その中で、セレクタのないstyle属性による指定は、優先順位がもっとも高くなるということを覚えておいてください。

2-1 - 5 @importでCSSに組み込む

@importの書式を使用することで、**CSSの中でさらに外部スタイルシートを読み込ませる**こともできます。

もっとも簡単な使用方法は、次のように@importのあとに外部スタイルシートのURLを文字列として指定する方法です。文字列として指定するので、ダブルクォーテーション（"）またはシングルクォーテーション（'）が必要です。

≫ 使用例

```
@import "style.css";
```

同様の方法で、外部スタイルシートのURLを次のような関数形式で指定する方法もあります。書式は異なりますが、機能的には上の例とまったく同じになります。なお、関数形式の場合はダブルクォーテーションやシングルクォーテーションは省略可能です。

≫ 使用例

```
@import url("style.css");
```

URLのあとには、link要素やstyle要素で指定可能なメディア型やメディアクエリを指定することもできます。

≫ 使用例

```
@import "style.css" screen, print;
```

2-1 - 6 ボックスの構造

一部の特殊な要素を除き、HTMLの各要素はボックスと呼ばれる四角い領域に表示されます。ボックスには**ボーダーと呼ばれる境界線**を表示させることができ、その内側と外側にそれぞれ余白をとることができます。**内側の余白はパディング**、**外側の余白はマージン**と言います。これらはすべてCSSで上下左右を個別に設定できます。

図2-1-3：ボックスの構造

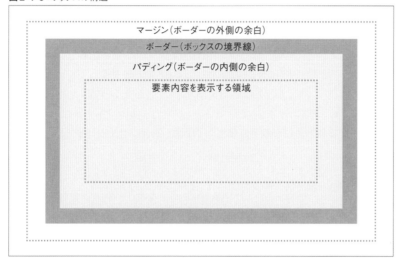

ボックスには背景を表示させることができますが、マージンの領域だけは常に透明で背景を表示させることはできません。ボーダーから内側のどの領域に表示させるのかはCSSで変更可能です。

2-1 - 7 長さをあらわす単位

CSSで長さをあらわす際に使用できる単位には、「相対的な長さをあらわす単位」と「絶対的な長さをあらわす単位」があります。単位は、数値との間に空白文字を入れずに直後に記入して使用します。なお、パーセンテージ（％）については、仕様書では長さの単位とは別扱いになっていますので、ここには掲載していません。

「相対的な長さをあらわす単位」には、「フォントに対する相対的な長さをあらわす単位」と「ビューポートに対するパーセンテージであらわす単位」の2種類があります。ビューポートとは、Webページを表示させる領域のことで、パソコンのブラウザであればウィンドウの表示領域全体、スマートフォンであれば（通常は）画面の表示領域全体のことを指します。

表2-1-3：フォントに対する相対的な長さをあらわす単位

単位	説明
em	要素のフォントサイズを1とする単位
rem	html要素のフォントサイズを1とする単位（root要素のem）
ex	要素のフォントのx-height（小文字xとほぼ同じ高さ）を1とする単位
ch	要素のフォントの0（ゼロ）の幅を1とする単位（chはcharacterの略）

表2-1-4：ビューポート（viewport）に対するパーセンテージであらわす単位

単位	説明
vw	ビューポートの幅の1%を1とする単位（使用機器の縦置き・横置きで変化）
vh	ビューポートの高さの1%を1とする単位（使用機器の縦置き・横置きで変化）
vmin	ビューポートの幅と高さのうち、短い方の1%を1とする単位
vmax	ビューポートの幅と高さのうち、長い方の1%を1とする単位

「絶対的な長さをあらわす単位」は、次のとおりです。単位「px」はCSS2までは機器の解像度に依存する相対単位として定義されていましたが、CSS2.1からは現在の定義に変更されています。

表2-1-5：絶対的な長さをあらわす単位

単位	説明
px	ピクセル（1/96インチを1とする単位）
pt	ポイント（1/72インチを1とする単位）
pc	パイカ（12ポイントを1とする単位）
in	インチ（2.54センチメートルを1とする単位）
cm	センチメートル
mm	ミリメートル
q	quarter-millimeters（1/4ミリメートルを1とする単位）

▼ 補足説明

プロパティの値として長さや数値が指定できる場合には、それらの代わりにcalc( )関数による計算式を指定することもできます。( )内に書く計算式には単位の付けられた数値と単位のない数値の両方が使用でき、演算子としては + - * / が使えます（+と-の前後には必ず空白文字を入れる必要があります）。

≫ 使用例

```
font-size: calc(100vw / 35);
margin: calc(1rem - 2px) calc(1rem - 1px);
```

2-2 セレクタ

ここが重要！

▶ 属性セレクタと結合子の記号はしっかりとおぼえる

▶ 疑似クラスの式「an+b」の指定方法をしっかりとおぼえる

▶ 疑似要素の先頭のコロンは、CSS3から2つになった

2-2 - **1** セレクタの種類と組み合せのルール

セレクタを構成する**基本的な最小単位のことを**シンプルセレクタと言います。たとえば、要素名だけで指定するセレクタもシンプルセレクタの1つです。シンプルセレクタは全部で6種類あり、それらは続けて記入して組み合せることができます。

ただし、**先頭には必ずタイプセレクタ（要素名）またはユニバーサルセレクタ（*）のどちらかを配置**するというルールがあります。それ以降にはそれら以外のシンプルセレクタを順不同で必要なだけ記述できます。その際、**ユニバーサルセレクタ（*）のあとに他のシンプルセレクタが続く場合に限り、ユニバーサルセレクタを省略することが可能**です。

図**2-2-1**：シンプルセレクタの組み合わせ方

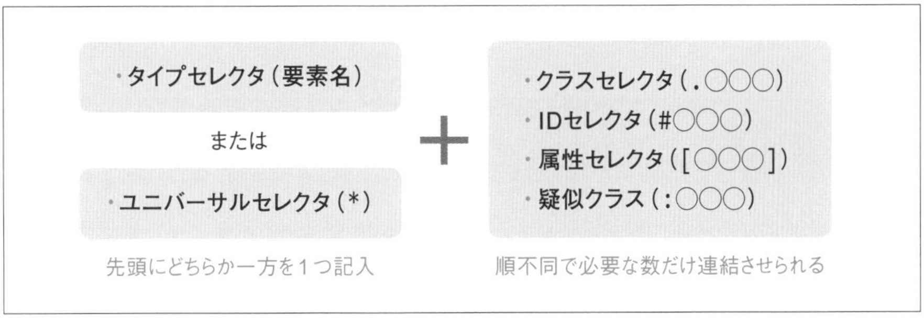

```
  ・タイプセレクタ（要素名）          ・クラスセレクタ（.○○○）
                                    ・IDセレクタ（#○○○）
        または              ＋      ・属性セレクタ（[○○○]）
                                    ・疑似クラス（:○○○）
  ・ユニバーサルセレクタ（*）

  先頭にどちらか一方を1つ記入      順不同で必要な数だけ連結させられる
```

∨ 補足説明

たとえば、よくある「.subtitle」というようなセレクタは、「*.subtitle」のユニバーサルセレクタを省略した書き方です。

組み合せたシンプルセレクタは、結合子と呼ばれる記号または空白文字で区切って、さらに必要なだけ組み合せることが可能です。そして、それら全体の**最後尾にのみ疑似要素と呼ばれる種類のセレクタを1つ配置**できます。

用語解説 ＞ シンプルセレクタ（Simple Selector）

仕様書で定義されているシンプルセレクタは次の通りです（それぞれのセレクタについてはこのあとに順次解説していきます）。

- タイプセレクタ ・ユニバーサルセレクタ ・クラスセレクタ ・IDセレクタ
- 属性セレクタ ・疑似クラス

用語解説 ＞ 結合子（Combinator）

仕様書で定義されている結合子は次の通りです（結合子については「2-2-10 結合子（p.153）」で解説しています）。結合子の前後には、空白文字を入れることができます。

- 空白文字 ・ > ・ + ・ ~

2-2 - 2 タイプセレクタ

要素名をそのまま使って適用先を示すシンプルセレクタをタイプセレクタと言います。指定した要素名の要素だけが適用対象となります。

>> **使用例**

```
h1 { color: #333; }
```

2-2 - 3 ユニバーサルセレクタ

要素名の代わりに * を指定すると、すべての要素が適用対象となります。これをユニバーサルセレクタと言います。

>> **使用例**

```
* { color: #333; }
```

2-2 - 4 クラスセレクタ

ピリオド（.）に続けてHTMLのclass属性の値を指定すると、そのclass属性の値を持つ要素が適用対象となります。これをクラスセレクタと言います。

クラスセレクタは、class属性の値全体が一致する必要はなく、クラスセレクタで指定している値がclass属性の値の1つとして含まれている要素であれば適用対象となります（class属性の値は空白文字で区切って複数指定できますが、そのうちの1つと一致するだけで適用対象となります）。

>> 使用例

```
p.subtitle { color: #333; }
```

2-2 - 5 IDセレクタ

#に続けてHTMLのid属性の値を指定すると、そのid属性の値を持つ要素が適用対象となります。これをIDセレクタと言います。

>> 使用例

```
ul#footnav { color: #333; }
```

2-2 - 6 属性セレクタ

特定の属性が指定されている要素、 または**特定の属性に特定の値が指定されている要素**を適用対象として指定できるのが属性セレクタです。次の7種類が定義されています。

表2-2-1：属性セレクタ

属性セレクタ	適用対象
［属性名］	「属性名」の属性が指定されている要素（属性値には無関係）
［属性名="属性値"］	「属性名」の属性に「属性値」の値が指定されている要素（値全体が一致）
［属性名~="属性値"］	「属性名」の属性に「属性値」の値が指定されている要素（HTML側の半角スペース区切りの値のどれかと一致でもOK。class属性の場合はクラスセレクタとまったく同じになる）
［属性名|="属性値"］	「属性名」の属性に「属性値」の値が指定されている要素（値全体またはハイフン区切りの値の前半が一致。言語コード「en-US」などに使用）

次ページに続く

[属性名^="属性値の始め"]	「属性名」の属性の値が「属性値の始め」で始まる要素
[属性名$="属性値の終り"]	「属性名」の属性の値が「属性値の終り」で終わる要素
[属性名*="属性値の一部"]	「属性名」の属性の値が「属性値の一部」を含む要素

次の例では、拡張子が「.jpg」の画像を表示させるimg要素（src属性の値が「.jpg」で終わっているimg要素）にボーダーを表示させています。

≫ 使用例

```
img[src$=".jpg"] { border: 3px solid #f00; }
```

2-2 - 7 リンク関連の疑似クラス

ある要素が特定の状態にあるときなどに限定して適用対象にするのが疑似クラスです。全部で23種類の疑似クラスが定義されていますが、はじめに使用頻度の高いリンク関連の疑似クラスから説明します。

表2-2-2：リンク関連の疑似クラスとそれが示す適用対象

リンク関連の疑似クラス	適用対象
:link	リンク先をまだ見ていない状態のa要素
:visited	リンク先をすでに見た状態のa要素
:hover	カーソルが上にある状態の要素
:active	マウスのボタン等が押されている状態の要素

≫ 使用例

```
a:link    { color: blue; }
a:visited { color: purple; }
a:hover   { color: red; }
a:active  { color: yellow; }
```

> **⚠ ここに注意**
>
> 疑似クラスで適用対象とする「状態」の中には、同時にはならないものと同時になるものがあります。たとえば、「リンク先をまだ見ていない状態」と「リンク先をすでに見た状態」は同時にはなりませんが、「リンク先をまだ見ていない状態」と「カーソルが上にある状態」「マウスのボタンが押されている状態」は同時になる場合があります。

詳しくは「2-3 CSS適用の優先順位（p.154）」で解説しますが、このように複数の疑似クラスが同じ条件で同時に適用対象となった場合、あとの表示指定が上書きして有効となります。つまり、同時に起こり得る状態の指定は、指定する順序によって表示結果がかわってしまうのです。そのため、前記の4つの疑似クラスについては、通常は前ページの表や使用例の順序で指定されます。

2-2 - 8 その他の疑似クラス

残りの19種類の疑似クラスは次の表の通りです。

表2-2-3：その他の疑似クラスとそれが示す適用対象

その他の疑似クラス	適用対象
:nth-child(式)	先頭から○個目の要素から△個おきに適用
:nth-last-child(式)	最後から○個目の要素から△個おきに適用
:nth-of-type(式)	先頭から○個目の要素から△個おきに適用（指定した要素と同じ要素のみ対象）
:nth-last-of-type(式)	最後から○個目の要素から△個おきに適用（指定した要素と同じ要素のみ対象）
:first-child	子要素の中で最初の要素
:last-child	子要素の中で最後の要素
:first-of-type	子要素の中で最初の要素（指定した要素と同じ要素のみ対象）
:last-of-type	子要素の中で最後の要素（指定した要素と同じ要素のみ対象）
:only-child	唯一の子要素である場合に適用
:only-of-type	唯一の子要素である場合に適用（指定した要素と同じ要素のみ対象）
:focus	フォーカス（選択）された状態の要素
:checked	ラジオボタンやチェックボックス、option要素が選択された状態の要素
:disabled	「disabled」の状態の要素
:enabled	（disabled属性が指定可能だが）「disabled」の状態ではない要素
:root	ルート要素（html要素）
:empty	要素内容が空の要素
:target	URLの最後が「#○○○」となっているリンクをクリックした時の対象となった要素（たとえば「href="#abc"」というリンクをクリックした時の「id="abc"」が指定されている要素）
:lang(言語コード)	HTMLのlang属性などで「言語コード」の言語（日本語や英語など）に設定されている要素
:not(シンプルセレクタ)	「シンプルセレクタ」の対象外のすべての要素

表2-2-3の上から4つめまでの疑似クラスの( )内には、「an+b」という形式の式または「odd」「even」というキーワードが指定できます。**「odd」を指定すると奇数個目**だけに適用され、**「even」を指定すると偶数個目**だけに適用されます。

たとえば、次のように指定すると、表の奇数行だけ背景がグレーになります。

≫ 使用例

```
tr:nth-child(odd) { background: #ccc; }
```

「**an+b**」という式は、**aとbの部分を整数に置き換えて使用**します（0でも負の値でもＯＫです）。**nはそのまま使用**しますが、これは0以上の整数をあらわし、0, 1, 2……と変化したときの計算結果の個数目の要素が適用対象となります。

たとえば、:nth-child(**2n+1**) と指定したとすると、2×**0**＋1＝1，2×**1**＋1＝3，2×**2**＋1＝5，という具合に奇数番目だけに適用されることになります（oddを指定したのと同じ結果になります）。

また、:nth-child(**2n+0**) と指定したとすると、2×**0**＋0＝0，2×**1**＋0＝2，2×**2**＋0＝4，という具合に偶数番目だけに適用されることになります（evenを指定したのと同じ結果になります）。

このようにbが0の場合は、bを省略することができます。たとえば、:nth-child(**2n+0**)は :nth-child(**2n**)と書いてもかまいません。さらに、aが0ならanは省略可能で、:nth-child(**0n+7**) は :nth-child(**7**)と書くことができます（こう書くと7番目の要素だけに適用されます）。aが1なら、aだけを省略し、:nth-child(**n+7**)と書くこともできます。

✓ 補足説明

疑似クラスのうち、名前の最後が「-of-type」で終わっているものについては、先頭のタイプセレクタで指定されている要素だけに限定して処理をおこなうことを意味しています。たとえば、p:nth-of-typeであれば、p要素だけを見て個数をカウントし、p:only-of-typeであれば、他の要素があったとしてもp要素が1つであれば適用されることになります。

2-2 - **9** 疑似要素

タグで囲われている範囲全体をそのまま適用対象にするのではない特殊なセレクタを疑似要素と言います。次の4種類が定義されています。

表2-2-4：疑似要素とそれが示す適用対象

疑似要素	適用対象
::first-line	ブロックレベル(もしくは同様の)要素の1行目
::first-letter	ブロックレベル(もしくは同様の)要素の1文字目
::before	要素内容の先頭にコンテンツを追加
::after	要素内容の最後にコンテンツを追加

！ここに注意

疑似要素は、結合子も含めたセレクタ全体の最後尾にひとつだけしか付けることができない点に注意してください。

！ここに注意

疑似クラスの先頭にはコロン（:）が1つ付き、疑似要素の先頭にはコロンが2つ付きます。しかし、こうなったのはCSS3からで、それ以前のCSSでは疑似要素のコロンも1つでした。そのため、古い仕様に存在していた疑似要素については、ブラウザは今後もコロンが1つの疑似要素をサポートすることになっています。

2-2 - **10** 結合子

組み合せたシンプルセレクタ同士を区切って使用する結合子には、次の4種類があります。

表2-2-5：結合子とそれが示す適用対象

結合子	適用対象
セレクタA セレクタB	「セレクタA」の要素の内部に含まれている「セレクタB」の要素　※結合子は空白文字
セレクタA > セレクタB	「セレクタA」の直接の子要素である「セレクタB」の要素
セレクタA + セレクタB	共通の親要素を持つ要素の中で「セレクタA」の直後にあらわれる「セレクタB」の要素
セレクタA ~ セレクタB	共通の親要素を持つ要素の中で「セレクタA」よりも後にあらわれる「セレクタB」の要素

2-3 CSS適用の優先順位

ここが重要!

▶ ユーザーエージェント・ユーザー・制作者の優先度は !important で逆転する

▶ 詳細度がもっとも高いのはstyle属性による指定

▶ セレクタの詳細度はIDセレクタ・属性系セレクタ・要素系セレクタの3桁で示す

2-3 - 1 CSSの指定元による優先順位

CSSは、そのWebページを制作している人だけが指定できるものではありません。それを閲覧しているユーザーも指定できますし、ブラウザもデフォルトのスタイルシート（もしくは同等のもの）を適用しています。

CSSの仕様ではこれ以外の指定元も定義されていますが、CSS適用の優先順位を考える際の基本的な指定元としては「**制作者**」「**ユーザー**」「ユーザーエージェント」の3種類が挙げられます。

用語解説 ▶ ユーザーエージェント（User Agent）

Webコンテンツのデータを読み込んで、ユーザーがその情報を得られるようにするソフトウェア全般のことをユーザーエージェントと言います。
Google ChromeやSafari、Microsoft Edgeといったブラウザはユーザーエージェントの代表例ですが、Webコンテンツを音声で読み上げるソフトウェアのほかWebコンテンツを表示可能なオーサリングツールやプラグインなどもユーザーエージェントに含まれます。

CSSは、その指定が競合する場合があります。たとえば、制作者がh1要素を赤にしているのに、ユーザーはそれを青に指定しているかもしれません。このように同じ適用先に対して異なる表示指定が行われた場合には、**制作者の指定がユーザーの指定よりも優先して適用されます**。そしてブラウザのデフォルト・スタイルシートのような**ユーザーエージェントによる指定は、もっとも優先度が低くなります**。

2-3 - 2 !importantで優先順位を高くする

「制作者」「ユーザー」「ユーザーエージェント」の**指定元による優先順位は、CSSの宣言（プロパティ: 値）のうしろに「!important」を追加することで変更可能**です。たとえば、ユーザーのスタイルシートに次の例のように!importantを追加すると、制作者の指定よりも優先して適用されるようになります。

≫ 使用例

```
p {
  font-size: 24pt !important;
}
```

!importantをつけた場合とつけない場合の指定元による優先順位は、まとめると次のようになります。

図2-3-1：!importantと優先順位

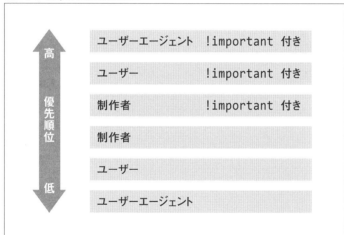

また、CSSの指定の競合は、同じ指定元の中でも発生することがあります。たとえば、長いCSSのソースコードの最初の方でフォントサイズを13ピクセルに設定しているのに、後半の方で同じ適用先のフォントサイズを16ピクセルに設定しているような場合です。このような場合には、より**後の指定が優先**される（上書きする）ことになっています。ただし、後の指定が優先されるのは、次の「2-3-3 セレクタの詳細度による優先順位の計算方法」で説明する詳細度が同じ場合に限定されます（詳細度が異なれば、詳細度が高い方が優先されます）。しかし、**!importantをつけることで、順序や詳細度にかかわらず同じ指定元内でも優先させることが可能**です。

用語解説 ▶ 詳細度（Specificity）

「詳細度」は、CSSの仕様書にある「Specificity」の日本語訳として比較的多く使用されている用語です。おおまかに言えば「詳細の度合い」の意味で、要素の種類だけで指定するようなセレクタの詳細度は低く、IDで1つの要素を限定的に指定するセレクタの詳細度は高くなります。

▼ 補足説明

CSSの表示指定が競合した際の前後関係（指定順序としてどちらが先でどちらが後になるのか）を考える場合、外部スタイルシートについては**そのHTML文書中の読み込まれている位置**にあるものだと仮定します。たとえば、style要素よりも後にlink要素があれば、link要素で読み込んでいる外部スタイルシートの表示指定の方が後になります。style属性はそれらのさらに後に出現しますので、前後関係で考えるともっとも優先度が高くなります（詳細度でもstyle属性の優先度はもっとも高くなります）。

2-3 - 3 セレクタの詳細度による優先順位の計算方法

CSS2.1では詳細度の計算は4桁の数字で行われていましたが、現在のCSSでは**3桁の数字**で行います。無くなった1桁は、それがstyle属性による指定かどうかを判定するためのもので、**style属性であれば無条件に詳細度がもっとも高くなる**仕様であるため計算の対象からははずされています。

詳細度の計算といっても、複雑な計算をおこなうわけではなく、セレクタの中に含まれるシンプルセレクタの種類ごとの個数を次のように各桁に入れるだけです。この3桁の**数値が大きいものほど詳細度が高い**ことになり、優先度も高くなります。

図2-3-2：詳細度の計算方法

! ここに注意

ユニバーサルセレクタ（*）は、詳細度には関係ありませんので無視します。疑似クラスの:not( )については、( )内にあるセレクタは個数に加えますが、:not( )自体は個数には加えません。

図2-3-3：セレクタとその詳細度の例

セレクタ	詳細度
body div#wrapper	102
div#wrapper	101
#wrapper	100
p.subtitle	011
.subtitle	010
body h1	002
h1	001
*	000

高　詳細度　低

! ここに注意

詳細度を示す3桁の数値は、各桁がいくつになっても決して繰り上がらないものとして扱うことになっています。したがって、たとえばIDセレクタが10個あっても、決して4桁にならず、16進数のような3桁の数値と考えて使用します。

! ここに注意

たとえ詳細度が低くても、!importantをつけるとその指定が優先されます。

2-4 色

ここが重要！

▶ **CSS3からは、色の値が指定可能なすべての箇所でtransparentが使用可能**

▶ **不透明度は0.0～1.0までの単位をつけない数値で指定する**

▶ **hslは、hue（色相）・saturation（彩度）・lightness（明度）の意味**

2-4 - 1 色を示す値：16進数

CSSで色を指定する際にもっとも多く利用されているのが、RGBの各値を16進数で指定する書式です。一般的には**RGBの各値を2桁ずつ、計6桁の16進数で表現**します。たとえば、RGB値が10進数で255,0,0の赤は、次のように示すことができます。

```
#ff0000
```

RGBの各値を示す**2桁ずつがそれぞれ同じ数字の繰り返しになっている場合**に限り、重複する1桁ずつを省いて3桁で示すことができます。たとえば、**#112233**という色の値は、**#123**と書くことができます。したがって、赤を16進数の3桁で示すと次のようになります。

```
#f00
```

2-4 - 2 色を示す値：キーワード

CSSの色は**英語の色の名前**で指定することもできます。定義されている基本的な色の名前のキーワードは表2-4-1のとおりです。

▼ **補足説明**

色を示すキーワードは大文字で書いても小文字で書いてもかまいません。

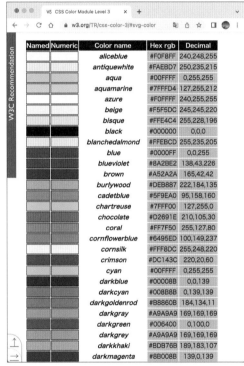

> **⚠ ここに注意**
>
> これまで、一部のプロパティでしか受け付けられなかった「transparent（透明）」というキーワードが、CSS3からは色の値が指定可能なすべての部分で使用可能となっています。

現在のCSSで使用可能な色のキーワードはこれだけではありません。**拡張カラーキーワード**として、「orange」や「pink」「brown」「violet」「salmon」など**150近く**のキーワードが定義されています（図2-4-1）。

表2-4-1：基本的な色のキーワード

キーワード	色	16進数での値
white		#ffffff
black		#000000
gray		#808080
silver		#c0c0c0
red		#ff0000
maroon		#800000
purple		#800080
fuchsia		#ff00ff
green		#008000
lime		#00ff00
olive		#808000
yellow		#ffff00
blue		#0000ff
aqua		#00ffff
navy		#000080
teal		#008080

図2-4-1：拡張カラーキーワード

https://www.w3.org/TR/css-color-3/#svg-color

2-4 - 3 色を示す値：rgb( ), rgba( )

rgb( ) という関数形式の書式を使用すると、RGBの値を**10進数のまま指定可能**です。たとえば、R=10、G=50、B=100であれば、rgb(10, 50, 100) と指定できます。赤を示すのであれば、RGB値は10進数で255,0,0ですので、次のようになります。

```
rgb(255, 0, 0)
```

> **▼ 補足説明**
>
> RGBの各値を示す10進数の数値の前後には、自由に空白文字を入れることができます。

> **▼ 補足説明**
>
> RGBの各値には255を100%とするパーセント値を指定することもできます。たとえば、赤であれば rgb(100%, 0%, 0%) となります。指定できる値の範囲は、10進数の場合は0〜255、パーセント値の場合は0%〜100%です。

RGBの値に加えて不透明度をあらわすAlphaの値も指定できるようにしたのが rgba( ) という書式です。RGBの3つの値のあとに、さらにカンマで区切って不透明度を0.0〜1.0の範囲の数値（整数でも小数でも可）で指定します。**0.0だと完全に透明、1.0だと完全に不透明**になります。たとえば、半透明の赤であれば次のようになります。

```
rgba(255, 0, 0, 0.5)
```

2-4 - 4 色を示す値：hsl( ), hsla( )

色を見てそのRGB値がパッと思い浮かぶ人は多くはいませんし、色を微調整する際にもその数値を具体的にどう変更すればいいのか頭の中で想像できる人は多くありません。そこで、もっと**直感的に色を指定したり変更できるようにするために作られたのが hsl( )** という書式です。

hslは、**hue（色相）・saturation（彩度）・lightness（明度）** の頭文字をとったもので、その名のとおり色相と彩度と明度の順に色を指定します。

彩度と明度に関しては、0%〜100%のパーセント値で指定しますが、**色相に関しては図2-4-2のような色相環（カラーサークル）における角度**を示す数値（単位なし）で指定します。

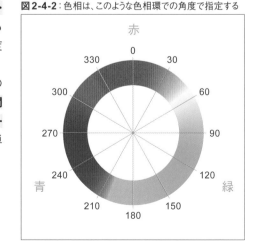

図2-4-2：色相は、このような色相環での角度で指定する

たとえば、hsl( ) で赤を示すのであれば次のようになります。

```
hsl(0, 100%, 50%)
```

さらに、**hsl( ) の値に加えて不透明度をあらわすAlphaの値も指定できるようにした hsla( )** という書式も用意されています。rgba( ) と同様に、最後にカンマで区切って0.0〜1.0の範囲で不透明度を指定します。たとえば、半透明の赤であれば次のようになります。

```
hsla(0, 100%, 50%, 0.5)
```

2-4 - 5 colorプロパティ

colorプロパティは、テキストの**文字色**を設定するプロパティです。すべての要素に対して指定可能で、初期値はユーザーエージェントに依存します。

≫ 使用例

```
body { color: #333; }
```

✓ 補足説明

CSS2.1では、透明をあらわすキーワードの「transparent」はcolorプロパティには指定できませんでした。現在のCSSでは、色の値が指定可能なところであればどこにでも「transparent」を指定することができます。

2-4 - 6 opacityプロパティ

opacityプロパティは、要素の**不透明度**を設定するプロパティです。**指定可能な値は0.0〜1.0までの数値**（整数でも小数でも可）で、**0.0だと完全に透明**、**1.0だと完全に不透明**の状態となります。このプロパティの初期値は1で、すべての要素に指定可能です。

≫ 使用例

```
h1 { opacity: 0.5; }
```

2-5 背景

ここが重要！

> 背景画像は複数指定できる

> 背景の表示領域は変更できる

> 背景画像は表示サイズを指定できる

2-5 - 1 background-colorプロパティ

background-colorプロパティは、ボックスの**背景色**を設定するプロパティです。値には「2-4 色（p.158）」で解説した色が指定できます。背景色をボックスのどの領域に表示させるのかは、「2-5-3 background-clipプロパティ（p.164）」で設定します。初期状態では、ボーダーの領域から内側（マージン以外の部分全体）に表示されます。

このプロパティは、すべての要素に指定でき、**初期値は transparent で透明の状態**となっています。

≫ 使用例

```
body { background-color: #fff; }
```

！ ここに注意

> 背景色は、ボックスのボーダーや背景画像よりも下（後ろ）に表示されます。そのため、ボーダーや背景画像を指定すると、その下に重なる部分の背景色は見えなくなります（ボーダーや背景画像が透明である場合などを除く）。

2-5 - 2 background-imageプロパティ

background-imageプロパティは、**背景に画像を表示させる**プロパティです。値にはキーワードの none または url( ) の書式で画像のURLが指定できます。( ) 内に入れるURLは、

そのままでもかまいませんし、ダブルクォーテーションまたはシングルクォーテーションで囲うこともできます。初期値は none で、画像を表示しない状態となっています。

CSS3からは、**1つのボックスに複数の背景画像を表示させられる**ようになっています。複数の背景画像を表示させるには、url( ) の書式をカンマで区切って必要なだけ記述します。このとき、**先（左側）に指定した画像ほど上（手前）に表示**されます。

カンマで区切って複数の値を指定すると、その数だけ画像のレイヤーが生成されます。ただし、実際にはキーワード none も指定でき、その場合は背景画像のないレイヤーとなります。

≫ 使用例

```
body { background-image: url(a.png), url(b.png), url(c.png); }
```

> **! ここに注意**
>
> 背景に複数の画像が指定できるようになったことに伴い、**background-color以外のすべての背景関連プロパティでカンマ区切りの複数の値を受け付けられる**ようになっています。
>
> **≫ 使用例**
>
> ```
> body {
>   background-image: url(a.png), url(b.png), url(c.png);
>   background-repeat: no-repeat, repeat-x, repeat-y;
> }
> ```
>
> background-imageプロパティで指定した値の数だけレイヤーが生成され、他の背景関連プロパティはそれに対応した数の値を指定できます。レイヤーの数より多く指定した値は無視され、少なく指定した場合は値全体を繰り返す形で適用されます（4つのレイヤーに対して「a, b」と2つだけ値を指定すると、「a, b, a, b」が適用されます）。
>
> なお、background-colorだけは、値を1つしか指定できない点に注意してください（レイヤーごとに異なった背景色を指定することはできません）。

> **▽ 補足説明**
>
> 背景画像を指定する際、url( ) の部分に linear-gradient( ) または radial-gradient( ) という書式を使用することで、画像を使わずにグラデーションを表示させることができます。グラデーションについては「2-11-1 直線状のグラデーション（p.212）」および「2-11-2 放射状のグラデーション（p.213）」で解説しています。

2-5 - 3 background-clipプロパティ

background-clipプロパティは、**背景をボックスのどの領域に表示させるのかを設定**するプロパティです。値には次のキーワードが指定可能で、**初期値はborder-box**です。

表2-5-1：background-clipプロパティに指定できる値

値	値の示す意味
border-box	ボーダー領域を含む、そこから内側の部分だけに背景を表示させます
padding-box	パディング領域を含む、そこから内側の部分だけに背景を表示させます
content-box	要素内容を表示させる領域だけに背景を表示させます

> **! ここに注意**
>
> HTML文書のルート要素であるhtml要素の背景の表示方法には特別なルールがあります。まず、html要素の背景はそのボックスの範囲にではなく、**ブラウザなどの表示領域全体**に対して適用されます（したがってhtml要素にbackground-clipプロパティを指定しても効果はありません）。ただし、html要素に背景画像の表示サイズや配置位置を指定した場合は、**html要素のボックスを基準に計算されます**ので注意してください。
>
> また、html要素に背景画像がなく、背景色が transparent の場合、ブラウザは**body要素の背景を代わりに使用する**ことになっています。仕様書では、HTML文書のページ全体の背景を指定する際は、html要素ではなくbody要素に指定することを推奨しています。

2-5 - 4 background-repeatプロパティ

background-repeatプロパティは、（他のプロパティによって背景画像の表示サイズと配置位置が決定したあとの段階で）**背景画像を縦または横に繰り返して表示させるのかどうかを設定する**プロパティです。

値には次のキーワードが1つまたは2つ指定可能です。値を2つ指定した場合は**1つ目が横方向**、**2つ目が縦方向**に関する繰り返しの指定となります（2つの値は空白文字で区切って指定します）。**初期値はrepeat**です。

表2-5-2：background-repeatプロパティに指定できる値

値	値の示す意味
repeat-x	横方向にのみ画像を隙間なく繰り返して表示させます。この値は単独でしか使用できません。

repeat-y	縦方向にのみ画像を隙間なく繰り返して表示させます。この値は単独でしか使用できません。
repeat	隙間なく画像を繰り返して表示させます。値が1つの場合は縦横にタイル状に繰り返します。
space	背景画像の全体が表示される状態で可能なだけ繰り返して表示させます。ピッタリと収まらない場合は、画像と画像の間に隙間ができます。
round	背景画像の全体が表示される状態で可能なだけ繰り返して表示させます。ピッタリと収まらない場合は、画像を拡大縮小して隙間をなくします。
no-repeat	繰り返さずに、画像を1つだけ表示させます。

図2-5-1:「repeat-x」の表示例

図2-5-2:「repeat-y」の表示例

図2-5-3:「repeat」の表示例

図2-5-4:「space」の表示例

図2-5-5:「round」の表示例

図2-5-6:「no-repeat」の表示例

2-5 - 5 background-sizeプロパティ

background-sizeプロパティは、**背景画像の表示サイズを設定**するプロパティです。

次のキーワードか数値を、1つまたは2つ指定可能です。値を2つ指定した場合は**1つ目が幅、2つ目が高さの指定**となります（2つの値は空白文字で区切って指定します）。値を1つだけ指定した場合は、幅が指定されたものと見なされ、高さはauto（この場合は元の縦横比を保った高さ）となります。**初期値は auto**です。

2-1
2-2
2-3
2-4
2-5
2-6
2-7
2-8
2-9
2-10
2-11

表2-5-3：background-sizeプロパティに指定できる値

値	値の示す意味
contain	元の縦横比を保った状態で、背景画像の全体が表示される最大サイズにします。この値は単独でしか使用できません。
cover	元の縦横比を保った状態で、背景画像1つで表示領域全体を隙間なく覆う最小サイズにします。この値は単独でしか使用できません。
単位つきの数値	数値に単位をつけて指定します。
パーセンテージ	背景の表示領域に対するパーセンテージ（数値に％をつけた値）で指定します。
auto	一方だけがautoの場合、もう一方の長さに合わせて元の縦横比を保った長さになります。両方がautoの場合は元のサイズで表示します。

≫ 使用例

```
body {
  background-image: url(books.png);
  background-repeat: no-repeat;
  background-size: contain;
}
```

図2-5-7：値に「contain」を指定した場合の表示例

ウィンドウの大きさを変えても常に画像全体が表示される

>>> 使用例

```
body {
  background-image: url(sky.jpg);
  background-size: cover;
}
```

図2-5-8：値に「cover」を指定した場合の表示例

ウィンドウの大きさを変えても常に画像1枚で表示領域全体を覆う

2-5 - 6 background-originプロパティ

background-originプロパティは、**背景画像の配置位置を指定する際の基準となる領域を設定**するプロパティです（ここで設定した領域の左上が「0 0」の位置、右下が「100% 100%」の位置となります）。値には表2-5-4のキーワードが指定可能です。

表2-5-4：background-originプロパティに指定できる値

値	値の示す意味
border-box	ボーダー領域から内側を配置の基準領域とします
padding-box	パディング領域から内側を配置の基準領域とします
content-box	要素内容を表示させる領域を配置の基準領域とします

初期値は padding-boxですので、パディング領域の左上が「0 0」、パディング領域の右下が「100% 100%」の位置となります。

> **! ここに注意**
>
> 背景色も含めた背景の表示範囲を設定するbackground-clipプロパティの初期値は「border-box」でしたが、背景画像を配置する際の基準となる領域を設定するbackground-originプロパティの初期値は「**padding-box**」である点に注意してください。
>
> これはつまり、「初期状態では背景はボーダーの下にまで表示されるが、背景画像を配置する際の基準はボーダーの内側のパディング領域になっている」ということです。

2-5 - 7 background-positionプロパティ

background-positionプロパティは、**背景画像を表示させる領域内での画像の配置位置を設定**するプロパティです。画像が繰り返し表示される場合には、まずその位置に画像が配置され、そこから繰り返されることになります。配置位置の指定には、次のような値が指定できます。

表2-5-5：background-positionプロパティに指定できる値

値	値の示す意味
単位つきの数値	数値に単位をつけて指定します。
パーセンテージ	背景の表示領域に対するパーセンテージ（数値に％をつけた値）で指定します。
top	縦方向の0%と同じです。
bottom	縦方向の100%と同じです。
center	縦方向の50%／横方向の50%と同じです。
left	横方向の0%と同じです。
right	横方向の100%と同じです。

値は、空白文字で区切って2つ指定するのが基本形です。数値またはパーセンテージの場合は、**1つ目の値が横方向の位置、2つ目の値が縦方向の位置**となります。topやleftのよ

うなキーワードだけの組み合わせの場合は縦横どちらを先に指定してもかまいません。

値を1つしか指定しなかった場合は、2つ目の値に center が指定されたものとして処理されます。**初期値は 0% 0%**です。

配置位置の原点は、background-originプロパティで設定されている配置の**基準領域の左上**となります。値として「0px 0px」「0% 0%」「left top」などを指定すると、基準領域の左上に背景画像の左上がぴったり重なる位置に表示されます。「50% 50%」や「center center」を指定すると、背景画像は基準領域の中央に表示されます。「100% 100%」や「right bottom」を指定すると、基準領域の右下に背景画像の右下がぴったり重なる位置に表示されます。

値として「単位つきの数値」が指定された場合は、横方向の位置は**基準領域の左から背景画像の左までの距離**となり、縦方向の位置は**基準領域の上から背景画像の上までの距離**となります。

値として「パーセンテージ」が指定された場合は、横方向・縦方向ともに**基準領域のその%の位置と画像のその%の位置が重なる位置**となります。そのため、「0% 0%」では基準領域と背景画像のそれぞれの0%の位置（左上と左上）が重なり、「50% 50%」ではそれぞれの50%の位置（中央と中央）が重なり、「100% 100%」ではそれぞれの100%の位置（右下と右下）が重なります。

≫ 使用例

```
body {
  background-image: url(logo.png);
  background-repeat: no-repeat;
  background-position: 100% 100%;
}
```

✔ 補足説明

background-positionプロパティの値は2つ指定するのが基本ですが、値を3つまたは4つ指定することも可能です。この場合はキーワードによる2つの値が基本となり、それぞれのキーワードのあとに指定する数値またはパーセンテージは「**キーワードの位置からのオフセット**」となります。たとえば「background-position: bottom 50px right 100px;」と指定すると、bottomの位置から上へ50pxの位置、rightの位置から左へ100pxの位置が指定されたことになります。値が3つの場合は、指定していない数値は0（オフセットなし）となります。正の値を指定すると領域の内側へのオフセットとなりますが、負の値を指定すると外側へのオフセットとなります。

2-5 - 8 background-attachmentプロパティ

一般的なページでは、ページの内容をスクロールさせると背景画像も一緒にスクロールします。background-attachmentプロパティを使用すると、**背景画像を表示領域に固定して、ページの内容をスクロールしても動かないようにする**ことができます。次の3種類のキーワードが指定でき、**初期値は scroll** です。

表2-5-6：background-attachmentプロパティに指定できる値

値	値の示す意味
scroll	背景画像を要素に対して固定します（結果として要素と一緒にスクロールします）
fixed	背景画像をビューポート（表示領域）に固定します（結果としてスクロールしても動かなくなります）
local	背景画像を要素の内容に対して固定します（要素内容がスクロール可能な場合、要素内容と一緒にスクロールします）

2-5 - 9 backgroundプロパティ

backgroundプロパティは、**背景関連のプロパティの値をまとめて指定**できるプロパティです。一部の例外を除けば、必要な値を空白文字で区切って順不同で指定できます。指定できる具体的な値は次のとおりです。

表2-5-7：backgroundプロパティに指定できる値

値	値の示す意味
background-colorプロパティに指定できる値	詳細は「2-5-1 background-colorプロパティ」(p.162) 参照
background-imageプロパティに指定できる値	詳細は「2-5-2 background-imageプロパティ」(p.162) 参照
background-clipプロパティに指定できる値	詳細は「2-5-3 background-clipプロパティ」(p.164) 参照
background-repeatプロパティに指定できる値	詳細は「2-5-4 background-repeatプロパティ」(p.164) 参照
background-sizeプロパティに指定できる値	詳細は「2-5-5 background-sizeプロパティ」(p.165) 参照
background-originプロパティに指定できる値	詳細は「2-5-6 background-originプロパティ」(p.167) 参照
background-positionプロパティに指定できる値	詳細は「2-5-7 background-positionプロパティ」(p.168) 参照
background-attachmentプロパティに指定できる値	詳細は「2-5-8 background-attachmentプロパティ」(p.170) 参照

background-positionプロパティとbackground-sizeプロパティは、いずれも単位つきの数値とパーセンテージの両方が指定可能であるため、そのまま指定してしまうと区別がつかなくなります。そのため、そのような**値が1つだけ指定されている場合はbackground-positionプロパティの値**だと解釈するルールになっています。

そして、background-sizeプロパティの値を指定するには、**まずbackground-positionプロパティの値を書き、スラッシュで区切ってbackground-sizeプロパティの値**を書くと正しく認識されます。

また、background-clipプロパティとbackground-originプロパティに指定できるキーワード（border-box／padding-box／content-box）は、まったく同じでどちらに指定されたのか区別がつきません。そこで、それらが**1つだけ指定されている場合はbackground-clipプロパティとbackground-originプロパティ両方に適用**され、値が2つ指定されている場合は**1つめの値がbackground-originの値、2つめの値がbackground-clipに適用**されることになっています。

≫ 使用例

```
body {
  background: #ccc url(castle.jpg) bottom left / 100% auto no-repeat;
  /* 背景色が #ccc（グレー）、背景画像はcastle.jpg、背景画像の位置は左下を基準、表示領域に対して幅は
100%、高さはautoで表示、画像の繰り返しはなし */
}
```

! ここに注意

backgroundプロパティで指定されていない値については、現状が維持されるのではなく**初期値に戻される**点に注意してください。

! ここに注意

backgroundプロパティの値もカンマで区切ることで、複数の背景画像のレイヤーを指定できます。その際、**background-colorプロパティは一番下のレイヤー（書式上はカンマで区切られた一番右側の値）にしか指定できません**ので注意してください。

≫ 使用例

```
body {
  background: url(a.png) no-repeat, url(b.png) no-repeat, #ffffff url(c.png);
  /* 一番上（手前）の背景画像はa.pngで繰り返しはなし、真ん中の背景画像はb.pngで繰り返しはなし、一番下
（後ろ）の背景画像はc.pngで背景色は#ffffff（白） */
}
```

2-6 テキスト

ここが重要!

▶ 下線・上線・取消線は、色や線種が指定できる

▶ word-breakプロパティは、行の折り返しに関する設定をする

▶ hyphensプロパティは、ハイフネーションに関する設定をする

2-6 - 1 text-shadowプロパティ

text-shadowプロパティは、**テキストに影を表示させる**プロパティです。次の値を空白文字で区切って指定できますが、指定の順番には後述するルールがあります。**初期値はnone**です。

表2-6-1：text-shadowプロパティに指定できる値

値	値の示す意味
単位つきの数値	数値に単位をつけて指定します。数値は2〜3個指定でき、用途は順番により異なります。影の位置とぼかす範囲が指定できます。
色	影の色が指定できます。
none	影を表示させません。この値は単独で指定します。

単位つきの数値は、2〜3個を空白文字で区切って続けて指定します。各数値は何番目に指定されたかによって、何を示す値となるのかが決定されます。

■ 1番目の数値は、影をテキストからどれだけ右にずらして表示させるかを示します。負の値を指定すると、影は左にずれます。

■ 2番目の数値は、影をテキストからどれだけ下にずらして表示させるかを示します。負の値を指定すると、影は上にずれます。

■ 3番目の数値は、影をぼかす範囲を示します。大きな数値を指定するほどぼかし具合が強くなり、0だとぼかしなしになります。負の値は指定できません。

■ 色の値は、これら数値全体の前または後ろに指定できます。

>> 使用例

```
p {
    text-shadow: 2px 2px 4px rgba(0, 0, 0, 0.7);
}
```

図2-6-1：上のソースコードの表示例

✔ 補足説明

影はレイアウトには一切影響を与えません。

✔ 補足説明

影は複数表示させることができます。影を追加する場合は、空白文字区切りの値のセット（2〜3個の数値と色のセット）をカンマで区切って指定してください。影は先に指定したものほど上に表示されます。

2-6 - 2 text-decoration関連のプロパティ

CSS3からは、**下線・上線・取消線の色や線種が指定できる**ようになっています。それにともない、CSS3では関連プロパティが追加され、text-decorationプロパティはそれらのプロパティの値をまとめて指定できるプロパティへと変更になりました。

表2-6-2：text-decoration関連のプロパティ

プロパティ名	主な機能
text-decoration-line	テキストに下線・上線・取消線・点滅の装飾を加えます。
text-decoration-color	下線・上線・取消線の色を指定します。
text-decoration-style	下線・上線・取消線の線の種類を指定します。
text-decoration	text-decoration関連プロパティの値を空白文字で区切ってまとめて指定します。

text-decoration-lineプロパティの値には、これまでのtext-decorationプロパティと同様に「underline（下線）」「overline（上線）」「line-through（取消線）」「blink（点滅）」「none（装

飾なし）」が指定できます。ただし「blink」は廃止予定とされています。

text-decoration-colorプロパティの値には、色を指定します。

text-decoration-styleプロパティの値には、「solid（実線）」「double（二重線）」「dotted（点線）」「dashed（破線）」「wavy（波線）」が指定できます。

2-6 - 3 word-breakプロパティ

word-breakプロパティは、**行の折り返しに関する設定**をするプロパティです。次の値が指定でき、初期値は「normal」です。

表2-6-3：word-breakプロパティに指定できる値

値	値の示す意味
break-all	すべての文字の間で折り返しが行われます。
keep-all	空白文字以外の文字が連続しているところでは折り返しが一切行われなくなります（日本語のような言語では折り返されなくなります）。
normal	通常のその言語のルールに従って折り返しを行います。

2-6 - 4 hyphensプロパティ

hyphensプロパティは、**ハイフネーションの設定**を行うプロパティです。次の値が指定でき、初期値は「manual」です。

表2-6-4：hyphensプロパティに指定できる値

値	値の示す意味
manual	ハイフネーションは、­ が入力されている箇所でのみ行われます。
none	ハイフネーションは一切行いません（­ も無視されます）。
auto	言語に応じてブラウザが適切な箇所でハイフネーションを行います（lang属性による言語の指定が必要となります）。

用語解説 > ハイフネーション（Hyphenation）

行末に収まりきらない英単語などの音節の区切りの位置にハイフン（-）をつけて改行し、単語の残りを次の行に送って表示させることをハイフネーションと言います。

2-6 - 5 white-spaceプロパティ

white-spaceプロパティは、主に「**連続する空白文字を1つの半角スペースに変換するかどうか**」と「**自動的な行の折り返しを行うかどうか**」を**制御**するプロパティです。次の値が指定でき、初期値は「normal」です。

表2-6-5：white-spaceプロパティに指定できる値

値	値の示す意味
normal	半角スペース・改行・タブは、（連続していればまとめて）半角スペースに変換して表示します。幅がいっぱいになると自動的に行を折り返します。
nowrap	半角スペース・改行・タブは、（連続していればまとめて）半角スペースに変換して表示します。自動的な行の折り返しはしません。
pre	半角スペース・改行・タブは、そのまま入力されている通りに表示します。自動的な行の折り返しはしません。
pre-wrap	半角スペース・改行・タブは、そのまま入力されている通りに表示します。幅がいっぱいになると自動的に行を折り返します。
pre-line	半角スペースとタブは、（連続していればまとめて）半角スペースに変換して表示します。改行については、そのまま入力されている通りに表示します。幅がいっぱいになると自動的に行を折り返します。

2-6 - 6 text-alignプロパティ

text-alignプロパティは、ブロックレベル要素（および同様の要素）に指定し、その内容の**行揃えを設定**します。指定できる主な値は次のとおりです。

表2-6-6：text-alignプロパティに指定できる値

値	値の示す意味
left	左揃えで表示されます。
right	右揃えで表示されます。
center	中央揃えで表示されます。
justify	両端揃えで表示されます。

✓ 補足説明

text-alignプロパティの仕様は、text-align関連プロパティの値をまとめて指定できるプロパティへと変更する方向で作業が進められています（2022年8月現在）。その仕様での初期値は「start」という値になっています。本書では未確定の関連プロパティの値の解説は省略し、text-alignプロパティの主要な値のみ掲載しています。

2-6 - 7 vertical-alignプロパティ

vertical-alignプロパティは、**インライン要素の縦方向の位置を設定**するプロパティです。次の値が指定でき、初期値は「baseline」です。

表2-6-7：vertical-alignプロパティに指定できる値

値	値の示す意味
baseline	ベースラインを親要素の行のベースラインに揃えます。画像のようにベースラインがない要素の場合は、その下をベースラインに揃えます。
top	上を揃えます。
middle	中央を揃えます。
bottom	下を揃えます。
super	上付き文字の表示位置に表示します。
sub	下付き文字の表示位置に表示します。
単位つきの数値	親要素のベースラインからの距離を数値に単位をつけて指定します。正の値は上方向、負の値は下方向への距離となります。
パーセンテージ	親要素のベースラインからの距離を、行の高さに対するパーセンテージ（数値に％をつけた値）で指定します。正の値は上方向、負の値は下方向への距離となります。

▼ 補足説明

vertical-alignプロパティの初期値は「baseline」となっているため、インラインの画像の下にはわずかな隙間（小文字のgやqなどの下部を表示する領域）ができています。値「bottom」を指定することでこの隙間をなくすことができます。

2-6 - 8 line-heightプロパティ

line-heightプロパティは、**行の高さを設定**するプロパティです。次の値が指定でき、初期値は「normal」です。

表2-6-8：line-heightプロパティに指定できる値

値	値の示す意味
数値	行間を単位をつけない数値で指定します。行間は、ここで指定した数値とフォントサイズを掛けた高さとなります。
単位つきの数値	行間を単位つきの数値で指定します。
パーセンテージ	行間をフォントサイズに対するパーセンテージで指定します。
normal	ブラウザ側で妥当だと判断する行間に設定します（ブラウザによって表示結果は異なります）。

2-6 - 9 text-indentプロパティ

text-indentプロパティは、**ブロックレベル要素の1行目のインデント（字下げ）を設定**する
プロパティです。次の値が指定でき、初期値は「0」です。

表2-6-9：text-indentプロパティに指定できる値

値	値の示す意味
単位つきの数値	インデントの量を数値に単位をつけて指定します。
パーセンテージ	インデントの量を幅に対するパーセンテージ（数値に％をつけた値）で指定します。

2-6 - 10 letter-spacingプロパティ

letter-spacingプロパティは、**文字間隔を設定**するプロパティです。次の値が指定でき、
初期値は「normal」です。

表2-6-10：letter-spacingプロパティに指定できる値

値	値の示す意味
単位つきの数値	文字間隔を数値に単位をつけて指定します。
normal	文字間隔を標準の状態にします。

2-6 - 11 word-spacingプロパティ

word-spacingプロパティは、**単語と単語の間隔を設定**するプロパティです。次の値が指
定でき、初期値は「normal」です。

表2-6-11：word-spacingプロパティに指定できる値

値	値の示す意味
単位つきの数値	単語間隔を数値に単位をつけて指定します。
normal	単語間隔を標準の状態にします。

2-1
2-2
2-3
2-4
2-5
2-6
2-7
2-8
2-9
2-10
2-11

2-6 - 12 text-transformプロパティ

text-transformプロパティは、**アルファベットの大文字・小文字を変換して表示**させるプロパティです。次の値が指定でき、初期値は「none」です。

表2-6-12：text-transformプロパティに指定できる値

値	値の示す意味
uppercase	半角のアルファベットをすべて大文字で表示させます。
lowercase	半角のアルファベットをすべて小文字で表示させます。
capitalize	半角のアルファベットのうち、各単語の先頭の文字だけを大文字で表示させます。
none	テキストを元の状態のまま表示させます。

2-6 - 13 directionプロパティ

directionプロパティは、**文字表記の方向を設定**するプロパティです。次の値が指定でき、初期値は「ltr」です。

表2-6-13：directionプロパティに指定できる値

値	値の示す意味
ltr	文字表記の方向を左から右に設定します。
rtl	文字表記の方向を右から左に設定します。

2-6 - 14 unicode-bidiプロパティ

unicode-bidiプロパティは、**文字表記の方向に関する指示を組み込んだり上書き**することのできるプロパティです。次の値が指定でき、初期値は「normal」です。

表2-6-14：unicode-bidiプロパティに指定できる値

値	値の示す意味
normal	UNICODEの双方向アルゴリズムの新しい組込みをしません。
embed	インライン要素の場合は、UNICODEの双方向アルゴリズムを組込みます。
bidi-override	UNICODEによる文字表記の方向を上書きします。

2-7 フォント

ここが重要!

▶ **Webフォントを使用するには、@font-face { } の書式を指定する**

▶ **font-variantは、関連プロパティの値を一括指定するプロパティ**

▶ **fontプロパティは、値の指定順序に注意する**

2-7 - 1 Webフォント

CSSでフォントの種類が指定されていても、ユーザーの使用環境にそのフォントがインストールされていなければそのフォントで表示させることはできません。しかし、**@font-face という書式を使用してWeb上にあるフォントを指定することで、そのフォントがインストールされていない環境でもそのフォントが表示させられる**ようになります。

書式は下の例のようになります。まず、@font-face { } 内で「font-family: 名前;」というようにフォントに名前をつけます。下の例では「mynaviFont」という名前にしています。使用するフォントのアドレスは「src: url(アドレス);」の形式で指定します。それに続けて空白文字で区切り、「format("フォーマット")」の形式でフォントのフォーマット（woff／truetype／opentype／embedded-opentype／svg）を指定することもできます。

このようにしてつけた名前をfont-familyの値として指定することで、Webフォントを適用して表示させられるようになります。

≫ 使用例

```
@font-face {
  font-family: mynaviFont;
  src: url(https://example.com/fonts/mynaviRegular.woff);
}
p { font-family: mynaviFont, serif; }
```

2-7 - 2 font-familyプロパティ

font-familyプロパティは、**フォントの種類を設定**するプロパティです。値にはフォント名をカンマで区切って複数指定できるほか、右の表に示したおおまかな分類をあらわすキーワードも指定できます。フォントはより前に（左側に）指定されているものが優先して適用されますので、キーワードは最後に指定するようにしてください。

表2-7-1：フォントのおおまかな分類をあらわすキーワード

キーワード	フォントの種類
serif	明朝系フォント
sans-serif	ゴシック系フォント
cursive	草書体・筆記体系フォント
fantasy	ポップ系フォント
monospace	等幅フォント

≫ 使用例

```
p {
    font-family: "メイリオ", "ヒラギノ角ゴ Pro W3", Helvetica, sans-serif;
}
```

！ ここに注意

フォントの名前は必要に応じて（空白文字を含む場合など）ダブルクォーテーションまたはシングルクォーテーションで囲うことができますが、キーワードにそれらをつけると認識されなくなりますので注意してください。

2-7 - 3 font-sizeプロパティ

font-sizeプロパティは、**フォントサイズを設定**するプロパティです。次の値が指定でき、初期値は「medium」です。

表2-7-2：font-sizeプロパティに指定できる値

値	値の示す意味
単位つきの数値	フォントサイズを数値に単位をつけて指定します。
パーセンテージ	親要素のフォントサイズに対するパーセンテージ（数値に%をつけた値）で指定します。
xx-small, x-small, small, medium, large, x-large, xx-large	7種類のキーワードで指定できます。xx-smallがもっとも小さく、mediumは標準サイズ、xx-largeがもっとも大きなサイズとなります（実際に表示されるサイズはブラウザによって異なります）。
smaller, larger	親要素のフォントサイズに対して、一段階小さく（smaller）、または大きく（larger）します。

2-7 - **4** font-weightプロパティ

font-weightプロパティは、同じフォントファミリーの中の**太さの異なる書体を選択**するためのプロパティです。単純に**太字**にしたい場合にも使用できます。次の値が指定でき、初期値は「normal」です。

表2-7-3：font-weightプロパティに指定できる値

値	値の示す意味
bold	太字にします（700を指定した場合と同様の結果となります）。
100, 200, 300, 400, 500, 600, 700, 800, 900	9種類の数値で指定できます（実際に表示される太さはフォントの種類によって異なります）。100がもっとも細く、400が標準の太さで初期値、900が最も太くなります。
bolder, lighter	現在の太さよりも、一段階太く（bolder）、または細く（lighter）します。
normal	標準の太さにします（400を指定した場合と同様の結果となります）。

2-7 - **5** font-styleプロパティ

font-styleプロパティは、同じフォントファミリーの中の**イタリックまたは斜体の書体を選択**するためのプロパティです。次の値が指定でき、初期値は「normal」です。

表2-7-4：font-styleプロパティに指定できる値

値	値の示す意味
italic	イタリック体専用にデザインされたフォントで表示します。イタリック体がない場合は、「oblique」と同様の表示になります。
oblique	斜体（元の書体を斜めにしたフォント）で表示します。斜体がない場合は、標準のフォントを斜めに変換して表示します。
normal	イタリック体や斜体ではない標準のフォントで表示します。

2-7 - **6** font-variantプロパティ

font-variantプロパティは、同じフォントファミリーの中の**スモール・キャピタル（大文字を小さくしたような種類のフォント）の書体を選択**する要素です。値に「small-caps」を指定するとスモール・キャピタルになります。初期値は「normal」です。

> **✓ 補足説明**
>
> 2018年にW3C勧告として公開された「CSS Fonts Module Level 3」の仕様では、font-variant関連プロパティが複数追加されており、font-variantプロパティは「font-variant関連プロパティの値をまとめて指定できるプロパティ」へと変更されています。

2-7 - 7 fontプロパティ

fontプロパティは、**フォント関連プロパティの値をまとめて指定**できるプロパティです。必要な値を空白文字で区切って、次の順序で指定できます。

1 はじめに、font-weight・font-style・font-variantのうち必要な値を任意の順序で空白文字で区切って指定します。

2 次に、空白文字で区切ってfont-sizeの値を指定します。この値は省略できません。

3 line-heightの値を指定する場合は、font-sizeとの間にスラッシュを入れて指定します。

4 最後に、空白文字で区切ってfont-familyの値を指定します。この値も省略できません。

》使用例

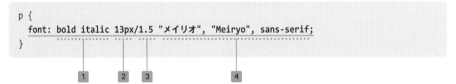

```
p {
  font: bold italic 13px/1.5 "メイリオ", "Meiryo", sans-serif;
}
```

2-8 ボックス

ここが重要！

▶ **border-radiusの角丸の値は、角を1/4円にみたてたときの半径を指定する**

▶ **box-shadowとtext-shadowの影の指定方法はほぼ同じ**

▶ **幅と高さの適用される領域は、box-sizingプロパティで設定する**

2-8 - 1 margin関連プロパティ

図2-8-1：ボックスの構造

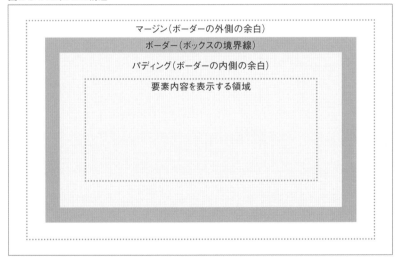

ボックスの**マージンを設定**するプロパティには、右のような種類があります。

表2-8-1：マージンを設定するプロパティ

プロパティ名	設定対象	指定できる値の数
margin-top	上のマージン	1
margin-bottom	下のマージン	1
margin-left	左のマージン	1
margin-right	右のマージン	1
margin	上下左右のマージン	1～4

表2-8-2：marginプロパティの値の数と適用場所の関係

値の数	各値の適用場所	指定例
1	上下左右	`margin: 10px;`
2	上下　左右	`margin: 10px 20px;`
3	上　左右　下	`margin: 10px 20px 30px;`
4	上　右　下　左	`margin: 10px 20px 30px 40px;`

値を1〜4個指定できるパディングやボーダー関連のプロパティも値の数と適用場所
の関係はこれと同じになります

margin関連のプロパティに指定できる値は次のとおりです。初期値は「0」です。

表2-8-3：margin関連のプロパティに指定できる値

値	値の示す意味
単位つきの数値	マージンを数値に単位をつけて指定します。
パーセンテージ	この要素を含んでいるブロックレベル要素の幅（要素内容を表示する領域の幅）に対するパーセンテージ（数値に％をつけた値）で指定します。上下のマージンについても、幅に対するパーセンテージとなります。
`auto`	マージンをボックスの状況から自動的に設定します。

> ▼　**補足説明**
>
> ボックスの幅を固定して左右のマージンを「auto」にすると、左右のマージンは同じ距離に
> なり、結果としてセンタリングされます。

2-8 - 2 padding関連プロパティ

ボックスの**パディングを設定**するプロパティには、次のような種類があります。

表2-8-4：パディングを設定するプロパティ

プロパティ名	設定対象	指定できる値の数
`padding-top`	上のパディング	1
`padding-bottom`	下のパディング	1
`padding-left`	左のパディング	1
`padding-right`	右のパディング	1
`padding`	上下左右のパディング	1〜4

padding関連のプロパティに指定できる値は表2-8-5のとおりです。初期値は「0」です。

表2-8-5：padding関連のプロパティに指定できる値

値	値の示す意味
単位つきの数値	パディングを数値に単位をつけて指定します。
パーセンテージ	この要素を含んでいるブロックレベル要素の幅に対するパーセンテージ（数値に％をつけた値）で指定します。上下のパディングについても、幅に対するパーセンテージとなります。

2-8 - 3 border関連プロパティ

ボックスの**ボーダーを設定**する主なプロパティには、次のような種類があります。

表2-8-6：ボーダーを設定するプロパティ

プロパティ名	設定対象	指定できる値の数
border-top-style	上のボーダーの線種	1
border-bottom-style	下のボーダーの線種	1
border-left-style	左のボーダーの線種	1
border-right-style	右のボーダーの線種	1
border-style	上下左右のボーダーの線種	1〜4
border-top-width	上のボーダーの太さ	1
border-bottom-width	下のボーダーの太さ	1
border-left-width	左のボーダーの太さ	1
border-right-width	右のボーダーの太さ	1
border-width	上下左右のボーダーの太さ	1〜4
border-top-color	上のボーダーの色	1
border-bottom-color	下のボーダーの色	1
border-left-color	左のボーダーの色	1
border-right-color	右のボーダーの色	1
border-color	上下左右のボーダーの色	1〜4
border-top	上のボーダーの線種と太さと色	線種／太さ／色
border-bottom	下のボーダーの線種と太さと色	線種／太さ／色
border-left	左のボーダーの線種と太さと色	線種／太さ／色
border-right	右のボーダーの線種と太さと色	線種／太さ／色
border	上下左右のボーダーの線種と太さと色	線種／太さ／色

「線種／太さ／色」は空白文字で区切って必要なもののみ順不同で指定可能

ボーダーの線種を設定するプロパティに指定できる値は次のとおりです。初期値は「none」です。

表2-8-7：border-style関連のプロパティに指定できる値

値	値の示す意味
none	ボーダーを表示しません。この値を指定するとボーダーの太さも0になります。table要素のボーダーの線種が競合した場合は、ほかの値が優先されます。
hidden	ボーダーを表示しません。この値を指定するとボーダーの太さも0になります。table要素のボーダーの線種が競合した場合は、この値が最優先されます。
solid	ボーダーの線種を実線にします。
double	ボーダーの線種を二重線にします。
dotted	ボーダーの線種を点線にします。
dashed	ボーダーの線種を破線にします。
groove	ボーダーの線自体が溝になっているようなボーダーにします。
ridge	ボーダーの線自体が盛り上がっているようなボーダーにします。
inset	ボーダーの内側の領域全体が低く見えるようなボーダーにします。
outset	ボーダーの内側の領域全体が高く見えるようなボーダーにします。

ボーダーの太さを設定するプロパティに指定できる値は次のとおりです。
初期値は「medium」です。

表2-8-8：border-width関連のプロパティに指定できる値

値	値の示す意味
単位つきの数値	ボーダーの太さを数値に単位をつけて指定します。
thin, medium, thick	「細い」「中くらい」「太い」という意味のキーワードで指定できます（実際に表示される太さはブラウザによって異なります）。

2-8 - 4 幅と高さを設定するプロパティ

幅と高さを設定する主なプロパティには、次のような種類があります。

表2-8-9：幅と高さを設定する主なプロパティ

プロパティ名	主な機能
box-sizing	幅と高さを設定するプロパティで指定された値をボックスのどの領域に対して適用するのかを設定します。
width	ボックスの幅を指定します。
height	ボックスの高さを指定します。
min-width	ボックスの最小の幅を指定します。
min-height	ボックスの最小の高さを指定します。
max-width	ボックスの最大の幅を指定します。
max-height	ボックスの最大の高さを指定します。

box-sizingプロパティの初期値は「content-box」になっていますので、これを変更していなければwidthプロパティやheightプロパティで指定した値はボックスの要素内容を表示させる領域に対して適用されます。box-sizingプロパティの値として「border-box」を指定するとボーダー領域に適用されるようになります。

widthプロパティとheightプロパティの値には、「単位つきの数値」「パーセンテージ」「auto」が指定できます。

min-widthプロパティとmin-heightプロパティの値には、「単位つきの数値」「パーセンテージ」が指定できます。

max-widthプロパティとmax-heightプロパティの値には、「単位つきの数値」「パーセンテージ」のほか「none（幅や高さの制限をしない）」が指定できます。

2-8 - 5 border-radiusプロパティ

border-radiusプロパティは、**ボックスの角を丸くする**プロパティです。このプロパティで4つの角をまとめて丸くすることができますが、4つの角を個別に設定するためのプロパティも用意されています。

表2-8-10：ボックスの角を丸くするプロパティ

プロパティ名	設定対象	指定できる値の数
border-radius	上下左右の角丸	1〜4
border-top-left-radius	左上の角丸	1
border-top-right-radius	右上の角丸	1
border-bottom-right-radius	右下の角丸	1
border-bottom-left-radius	左下の角丸	1

値には、角を1/4の円にみたてたときの半径を、単位つきの数値またはパーセンテージで指定します。**初期値は0**です。

図2-8-2：値には、角を1/4の円にみたてたときの半径を指定する

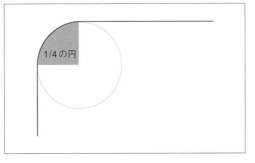

1/4の円

表 2-8-11：border-radiusとその関連プロパティに指定できる値

値	値の示す意味
単位つきの数値	数値に単位をつけて指定します。
パーセンテージ	ボーダー領域の大きさに対するパーセンテージ（数値に％をつけた値）で指定します。

border-radiusプロパティには、値を空白文字で区切って4つまで指定できます。指定した値の数とその値が適用される角との関係は次のようになっています。

表 2-8-12：border-radiusプロパティに指定する値の数とそれが適用される場所の関係

値の数	各値の適用場所	指定例
1	4つの角すべて	`border-radius: 10px;`
2	左上と右下　右上と左下	`border-radius: 10px 20px;`
3	左上　右上と左下　右下	`border-radius: 10px 20px 30px;`
4	左上　右上　右下　左下	`border-radius: 10px 20px 30px 40px;`

≫ **使用例**

```
p {
  width: 200px;
  height: 80px;
  color: #fff;
  background: #999;
  border-radius: 10px;
}
```

図 2-8-3：上のソースコードの表示例

✔ **補足説明**

> 実際には、半径は横方向の半径と縦方向の半径を別々に指定することができます。4つの角を個別に指定するプロパティでは、**空白文字**で区切った1つ目の値が横方向の半径、2つ目の値が縦方向の半径となります。border-radiusプロパティでは、まず1～4個の横方向の半径を指定し、**スラッシュ**で区切ってさらに1～4個の縦方向の半径を指定できます。

2-8 - 6 box-shadowプロパティ

box-shadowプロパティは、**ボックスに影を表示させる**プロパティです。次の値を空白文字で区切って指定できますが、指定の順番には後述するルールがあります。**初期値はnone**です。

表2-8-13：box-shadowプロパティに指定できる値

値	値の示す意味
単位つきの数値	数値に単位をつけて指定します。数値は2～4個指定でき、用途は順番により異なります。影の位置とぼかす範囲、拡張させる距離が指定できます。
色	影の色が指定できます。
inset	このキーワードを指定すると、影をボックスの内側に表示させます。
none	影を表示させません。この値は単独で指定します。

単位つきの数値は、2～4個を空白文字で区切って続けて指定します。各数値は何番目に指定されたかによって、何を示す値となるのかが決定されます。

■ 1番目の数値は、影をボックスからどれだけ右にずらして表示させるかを示します。負の値を指定すると、影は左にずれます。
■ 2番目の数値は、影をボックスからどれだけ下にずらして表示させるかを示します。負の値を指定すると、影は上にずれます。
■ 3番目の数値は、影をぼかす範囲を示します。大きな数値を指定するほどぼかし具合が強くなり、0だとぼかしなしになります。負の値は指定できません。
■ 4番目の数値は、影を外側の四方に拡張させて大きくする距離を示します。負の値を指定すると、影は縮小します。
■ 色の値とキーワードのinsetは、2～4個の数値のグループ全体の前または後ろに順不同で指定できます。

>> 使用例

```css
#sample1 {
  box-shadow: 0 10px 20px rgba(0, 0, 0, 0.5);
}
#sample2 {
  box-shadow: inset 5px 5px 10px rgba(0, 0, 0, 0.4);
}
```

✓ 補足説明

　影は複数表示させることができます。影を追加する場合は、空白文字区切りの値のセット（2～4個の数値と色、insetのセット）をカンマで区切って指定してください。

図2-8-4：前ページのソースコードの表示例

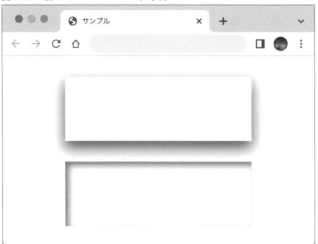

▼ 補足説明

影は、レイアウトには一切影響を与えません。

2-8 - 7 positionプロパティ

positionプロパティは、**ボックスの配置モードを変更する**プロパティです。配置モードを変更することで、ボックスの配置位置を細かく指定できるようになります（位置の指定は次に説明するtop・right・bottom・leftプロパティで行います）。

指定可能な値は次のとおりで、それぞれ表に掲載されているモードに切り替わります。初期値は「static」です。

表2-8-14：positionプロパティに指定できる値

値	値の示す意味
static	配置モードを通常モードに戻します。
relative	配置モードを「相対配置」に切り替えます。
absolute	配置モードを「絶対配置」に切り替えます。
fixed	配置モードを「固定配置」に切り替えます。

「**相対配置**」は、通常の状態で配置されている位置を基準に、そこから相対的に位置を移動させる配置モードです。このモードで位置を変更しても、他のボックスの表示には一切影響を与えません。

「**絶対配置**」は、ボックスを別のレイヤーに移動させた上で、基準ボックスの上下左右からの距離で配置位置を指定するモードです。自身を含むボックスのうち、positionプロパ

ティの値として「relative」「absolute」「fixed」のいずれかが指定されているもっとも階層的に近いボックスが基準ボックスとなります。そのようなボックスがない場合は、html要素のボックスが基準ボックスとなります。このモードに切り替えると、元のレイヤーから取り除かれた状態となるため、後続の要素の配置位置に影響があります。

「**固定配置**」は、位置が固定されてスクロールしても動かなくなる配置モードです。基準ボックスが常にビューポート（表示領域）全体である点を除けば、絶対配置と同様の配置モードです。

2-8 - 8 top・right・bottom・leftプロパティ

top・right・bottom・leftの各プロパティは、「相対配置」「絶対配置」「固定配置」されたボックスの**配置位置を指定する**プロパティです。topプロパティは、相対配置の場合は元の位置から下方向に移動させる距離、絶対配置の場合は基準ボックスの上と配置するボックスの上を合わせた状態からどれだけ下げて配置するのかを指定します。同様にrightプロパティは右から左方向への距離、bottomプロパティは下から上方向への距離、leftプロパティは左から右方向への距離を指定します。指定できる値は次のとおりで、初期値は「auto」です。

表2-8-15：top・right・bottom・leftプロパティに指定できる値

値	値の示す意味
単位つきの数値	基準位置から移動させる距離を数値に単位をつけて指定します。負の値も指定できます。
パーセンテージ	この要素を含んでいるブロックレベル要素の幅または高さに対するパーセンテージ（数値に%をつけた値）で移動させる距離を指定します。負の値も指定できます。
auto	要素の種類やCSSの他のプロパティの指定状況に応じて移動させる距離を自動的に設定します。

なお、これらのプロパティは、「position: static;」の状態のボックスに指定しても無効となります。

2-8 - 9 z-indexプロパティ

z-indexプロパティは、「相対配置」「絶対配置」「固定配置」されたボックスの**重なる順番を設定する**プロパティです。次の値が指定でき、初期値は「auto」です。

表2-8-16：z-indexプロパティに指定できる値

値	値の示す意味
整数	重なる順番を整数（負の値も可）で指定します。通常の状態を0として、数値の大きいものほど上に重なって表示されます。値として整数を指定されたボックスは重なる順番の親要素となり、その内部においては重なる順番は0となります。
auto	重なる順番を親要素と同じ0にします。

2-8 - 10 floatプロパティ

floatプロパティは、**ボックスを左または右に寄せて配置し、その反対側に後続の要素が回り込むようにする**プロパティです。次の値が指定でき、初期値は「none」です。

表2-8-17：floatプロパティに指定できる値

値	値の示す意味
left	ボックスを左に寄せて配置し、その右側に後続の要素を回り込ませます。
right	ボックスを右に寄せて配置し、その左側に後続の要素を回り込ませます。
none	ボックスを寄せて配置しません。

2-8 - 11 clearプロパティ

clearプロパティは、**floatプロパティでボックスが寄せて表示され要素が回り込んでいる状態を解除**するプロパティです。次の値が指定でき、初期値は「none」です。

表2-8-18：clearプロパティに指定できる値

値	値の示す意味
left	この要素よりも前で「float: left;」が指定されている状態を、この要素の直前で解除します。
right	この要素よりも前で「float: right;」が指定されている状態を、この要素の直前で解除します。
both	この要素よりも前で指定されている「float: left;」と「float: right;」の両方を、この要素の直前で解除します。
none	float関連の解除をせずにそのままにします。

▼ 補足説明

clearプロパティは、ブロックレベル要素にしか指定できない点に注意してください。

2-8 - 12 displayプロパティ

displayプロパティは、**要素の表示形式を設定**するプロパティです。インライン要素をブロックレベル要素のように表示させたり、ブロックレベル要素をインライン要素のように表示させることなどができます。指定できる値（主要なもののみ抜粋）は以下のとおりです。初期値は「inline」です。

表2-8-19：displayプロパティに指定できる主な値

値	値の示す意味
inline	インライン要素と同様の表示にします。
block	ブロックレベル要素と同様の表示にします。
inline-block	ボックス自体はインライン要素と同様に配置されますが、その内部はブロックレベル要素のように複数行を表示できるボックスにします（フォームのテキスト入力欄で複数行を入力できるタイプのものと同様の表示形式になります）。
list-item	li要素と同様の表示にします。
table, inline-table, table-row-group, table-header-group, table-footer-group, table-row, table-column-group, table-column, table-cell, table-caption	それぞれテーブル関連の要素と同様の表示にする値です。
ruby, ruby-base, ruby-text, ruby-base-group, ruby-text-group	それぞれルビ関連の要素と同様の表示にする値です。
none	ボックスを消します（ボックスが無い状態になります）。

2-8 - 13 visibilityプロパティ

visibilityプロパティは、**ボックスが透明になったかのように見えなくする**ことのできるプロパティです。次の値が指定でき、初期値は「visible」です。

表2-8-20：visibilityプロパティに指定できる値

値	値の示す意味
visible	ボックスを見える状態にします。

次ページに続く

hidden	ボックスを見えない状態にします。透明のようになるだけでボックスは存在し、他の要素のレイアウトに影響を与えます。
collapse	この値を指定されたテーブルの横列・縦列およびそれらのグループは、テーブルから取り除かれた状態となります。

図2-8-5：同じ画像を2つ並べ、CSSを適用していない状態

図2-8-6：同じ画像を2つ並べ、左側の画像にhiddenを指定した状態

左側の画像は表示されなくなったが、右側の画像の表示位置などは変わらない

2-8 - 14 overflowプロパティ

overflowプロパティは、**要素内容がボックス内に収まりきらなくなったときにどうするかを設定**するプロパティです。次の値が指定できます。

表2-8-21：overflowプロパティに指定できる値

値	値の示す意味
visible	ボックスからはみ出た部分も表示します。
hidden	ボックスからはみ出た部分は表示しません。
scroll	ボックスからはみ出た部分は表示しませんが、スクロールによってすべての内容が見られるようにします。
auto	必要に応じて(内容が入りきらなくなると)スクロール可能にします。

補足説明

overflowプロパティは、overflow-xプロパティとoverflow-yプロパティの値をまとめて指定できるプロパティです。

2-8 - 15 clipプロパティ

clipプロパティは、**ボックスをクリッピングして表示**させるプロパティです(四角形の見える範囲を設定してそこだけが表示されるようにします)。次の値が指定でき、初期値は「auto」です。

表2-8-22：clipプロパティに指定できる値

値	値の示す意味
auto	クリッピングされずに表示されます。
rect(上, 右, 下, 左)	rect( )の関数形式で、ボーダー領域の左上からの距離をそれぞれ指定して見える範囲を設定します。

2-9 マルチカラムと フレキシブルボックス

ここが重要!

▶ マルチカラムレイアウトとは、ボックスの内部を複数の段に分けるレイアウト

▶ columns プロパティで段数を指定するだけで段組みになる

▶ display: flex; を指定すると、その子要素は左から順に横に並ぶ

2-9 - 1 マルチカラムレイアウト

CSSにおけるマルチカラムレイアウトとは、複数のボックスを横に並べるレイアウトではなく、**1つのボックスの内部を複数の段に分割するレイアウト**のことを指します。ワープロの段組み機能と同様に、1段目に入り切らないテキストは2段目に流し込まれ、2段目に入り切らないテキストは3段目に、というように要素内容が移動する段組みレイアウトになります。

2-9 - 2 column-countプロパティ

column-countプロパティは、**何段組みするのかを設定**するプロパティです。値には段数を1以上の整数で指定します。**初期値はauto**です。

≫ 使用例

```
body { column-count: 3; }
```

▼ 補足説明

このプロパティは、table要素以外のブロックレベル要素に指定できます。

図2-9-1：前ページのソースコードの表示例

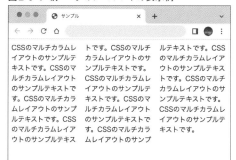

> ✓ **補足説明**
>
> 次に説明するcolumn-widthプロパティで段の幅も指定すると、ボックスの幅によっては指定した段数よりも少ない段数で表示される場合があります。

2-9 - **3** column-widthプロパティ

column-widthプロパティは、**段の幅を設定**するプロパティです。値は単位つきの数値で指定します。何段で表示されるのかはボックスの幅に依存し、状況に応じて段の幅は長めになったり短めになったりします。**初期値はauto** です。

» 使用例

```
div { column-width: 28em; }
```

> ✓ **補足説明**
>
> このプロパティは、table要素以外のブロックレベル要素に指定できます。

2-9 - **4** columnsプロパティ

columnsプロパティは、**column-countプロパティの値とcolumn-widthプロパティの値をまとめて指定**できるプロパティです。空白文字で区切って両方の値を順不同で指定できますが、一方だけを指定することも可能です。

» 使用例

```
body { columns: 2; }
```

> ✓ **補足説明**
>
> このプロパティは、table要素以外のブロックレベル要素に指定できます。

2-9 - 5 column-gapプロパティ

column-gapプロパティは、**段と段の間隔を設定**するプロパティです。値は単位つきの数値で指定します。**初期値は normal** です。

▼ **補足説明**

normal が指定されたときの実際の間隔はブラウザによって異なりますが、仕様書では **1em**が提案されています。

2-9 - 6 column-ruleプロパティ

段と段の間隔の中央にはボックスのボーダーと同様の線を表示させることができます。その**線種・色・太さを個別に設定**するのが、次の3つのプロパティです。それぞれボーダーと同様の値が指定できます。

- column-rule-styleプロパティ
- column-rule-colorプロパティ
- column-rule-widthプロパティ

これらの値を**まとめて設定できるのがcolumn-ruleプロパティ**です。必要な値を順不同で指定できます。

>> **使用例**

```
body {
  column-count: 3;
  column-gap: 1.2em;
  column-rule-width: 2px;
  column-rule-style: dotted;
  column-rule-color: #ccc;
}
```

2-9 - 7 column-spanプロパティ

column-spanプロパティは、指定された要素を段の中に収めて表示させるのではなく、**段組みが設定されているボックスの幅いっぱいに（すべての段をまたいで）表示させる**プロパティです。値には、allとnoneが指定でき、**初期値は none** です。

表2-9-1：column-spanプロパティに指定できる値

値	値の示す意味
all	要素をすべての段にまたがった状態で表示されます（段に関係なくボックスの幅いっぱいに表示されます）。
none	複数の段にまたがる表示をしません（要素は段の中に収まって表示されます）。

図2-9-2：column-spanプロパティを指定していない状態のh2要素

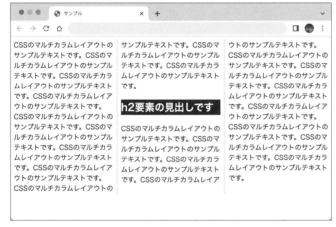

図2-9-3：h2要素に「column-span: all;」を指定したときの表示

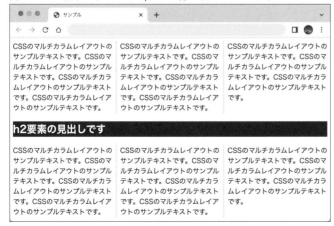

>> 使用例

```
body {
  column-count: 3;
  column-gap: 1.2em;
  column-rule-width: 2px;
  column-rule-style: dotted;
  column-rule-color: #ccc;
}
h2 {
  column-span: all;
  color: white;
  background: black;
}
```

2-9 - 8 フレキシブルボックスレイアウト

displayプロパティは、要素の表示形式を設定するプロパティです。たとえば、display：block；だとブロックレベル要素の表示になり、display：inline；だとインライン要素の表示になります。このdisplayプロパティの機能が拡張され、現在ではflexという値も指定可能となっています。**display: flex; を指定された要素は、その内部の子要素を横にでも縦にでも逆順にでも自由に配置することができる**ようになります。関連するプロパティも多く用意されており、子要素の配置順序や大きさの調整をしたり、特定の方向に寄せて配置することや均等に配置することなども可能です。これがフレキシブルボックスレイアウトです。

内部の子要素の並び方は、flex-directionプロパティで設定します。ただし、このプロパティの初期値はrow（テキストを書き進める方向）となっていますので、横書きの日本語環境では display：flex； を指定するだけで子要素は左から右へと順に並びます。

表2-9-2：flex-directionプロパティに指定できる値

値	値の示す意味
row	左から右への横並び（テキストを書き進める方向）にします。
column	上から下への縦並び（ブロックレベル要素が重なっていく方向）にします。
row-reverse	右から左への横並び（rowの逆）にします。
column-reverse	下から上への縦並び（columnの逆）にします。

≫ 使用例

```
<!DOCTYPE html>
<html lang="ja">
<head>
<meta charset="UTF-8">
<title>サンプル</title>
<style>
body, p { margin: 0; }
div { display: flex; }
p {
    width: 150px;
    height: 100px;
    padding: 10px;
    background: #ccc;
}
p:nth-child(2) { background: #999; }
</style>
</head>
<body>
    <div>
        <p>これは1つ目のp要素です。</p>
        <p>これは2つ目のp要素です。</p>
        <p>これは3つ目のp要素です。</p>
    </div>
</body>
</html>
```

図2-9-4：上のソースコードの表示例

✓ 補足説明

> フレキシブルボックスレイアウトの仕様書「CSS Flexible Box Layout Module Level 1」
> は、過去に何度か大きな仕様変更を行っており、勧告候補のままの状態が数年にわたって
> 続いているため、仕様の細部の解説は省略してあります。

2-10 アニメーション

ここが重要!

▶ **transform関連プロパティでは、ボックスの回転・拡大縮小・移動などを行う**

▶ **トランジションは、値の切り替わりをなめらかに連続した動きで見せる機能**

▶ **アニメーションは、キーフレームでトランジションを連続実行させるようなもの**

2-10-1 回転・拡大縮小・移動など

transformプロパティを使用すると、要素のボックスを**回転**させたり、**拡大縮小**させたり、**移動**させることなどができます。しかもそれらは平面的な二次元空間だけではなく三次元空間でも行えるようになっているため、立体的な3D表現も可能です。ただし、transformプロパティを使用しただけでは、動きを伴わない最終的な表示結果しか見ることができません。回転や拡大縮小、移動などの変化の過程をアニメーションのように見せるためには、このあとに解説していくトランジションまたはアニメーションの機能と組み合せる必要があります。

2-10-2 transformプロパティ

transformプロパティは、要素の**ボックスを回転・拡大縮小・移動・変形させる**プロパティです。値は関数形式になっており、空白文字で区切って必要なだけ指定できます。ただし、それらの関数は先頭から順に実行されますので、指定順序によって表示結果が変わることもある点に注意してください。**初期値は none**です。

表**2-10-1**：transformプロパティに指定できる値（2D用のみ）

値	値の示す意味
none	回転・拡大縮小・移動などを一切していない状態となります。
rotate(角度)	時計回りに回転させる角度を単位つきの数値で指定します。

scale(数値，数値)	拡大縮小させる倍率を横方向・縦方向の順に、単位をつけない数値で カンマで区切って指定します。値を1つだけ指定すると、その値が横方 向・縦方向の両方に適用されます。
scaleX(数値)	横方向に拡大縮小させる倍率を単位をつけない数値で指定します。
scaleY(数値)	縦方向に拡大縮小させる倍率を単位をつけない数値で指定します。
translate(単位つきの数値， 単位つきの数値)	移動させる距離を右方向・下方向の順に、単位つきの数値またはパー センテージで指定します。値を1つだけ指定すると、右方向への移動距 離だけを指定したことにります。
translateX(単位つきの数値)	右方向に移動させる距離を単位つきの数値またはパーセンテージで指 定します。
translateY(単位つきの数値)	下方向に移動させる距離を単位つきの数値またはパーセンテージで指 定します。
skew(角度)	傾斜させる角度を、x軸に沿った傾斜の角度・y軸に沿った傾斜の角度 の順に、単位つきの数値でカンマで区切って指定します。値を1つだけ 指定すると、x軸に沿った傾斜の角度だけを指定したことになります。
skewX(角度)	x軸に沿った傾斜をさせる角度を、単位つきの数値で指定します。
skewY(角度)	y軸に沿った傾斜をさせる角度を、単位つきの数値で指定します。
matrix(数値…)	6つの値からなる行列により二次元の変形を行います。

指定可能な角度の単位は次のとおりです。

表2-10-2：指定可能な角度の単位

単位	説明
deg	度 (円周の1/360を1とする単位)
grad	グラード (円周の1/400を1とする単位)
rad	ラジアン (弧度法)
turn	ターン (円周の1/1を1とする単位) ※1turnで一回転

> ✓ **補足説明**

本書では三次元用の関数は解説しませんが、三次元用の関数には rotate3d(), rotateZ(),
scale3d(), scaleZ(), translate3d(), translateZ(), matrix3d() などがあります。

≫ **使用例**

```
div {
  width: 100px;
  height: 100px;
  color: #fff;
  background: #999;
  transform: translate(200px, 100px) scale(1.5, 1.5) rotate(45deg);
}
```

図2-10-1：前ページのソースコードの表示例

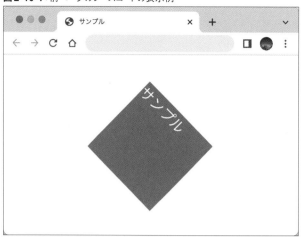

2-10 - 3 transform-originプロパティ

たとえば、ボックスの左上を中心に45度回転させた場合と、右下を中心に45度回転させた場合とでは表示結果がまったく違ってきます。transform-originプロパティは、transformプロパティで回転・拡大縮小・移動・変形を行う際の原点を設定するためのプロパティです。**初期値は50% 50%**で、ボックスの中心が原点となっています。background-positionプロパティと同様の次の値が指定できます。

表2-10-3：transform-originプロパティに指定できる値

値	値の示す意味
単位つきの数値	ボックスの左上からの距離に単位をつけて指定します。
パーセンテージ	ボックスの大きさに対するパーセンテージ（数値に％をつけた値）で指定します。
top	縦方向の0%と同じです。
bottom	縦方向の100%と同じです。
center	縦方向の50%／横方向の50%と同じです。
left	横方向の0%と同じです。
right	横方向の100%と同じです。

値は、空白文字で区切って1〜3個まで指定できます。1つ目は横方向の位置、2つ目は縦方向の位置、3つ目は3D用のZ方向の位置（必ず単位つきの数値で指定）となります。
ただし、1つ目と2つ目の値をキーワードで指定する場合は、順番は逆でもかまいません。値を1つしか指定しなかった場合は、2つ目の値にcenterが指定されたものとして処理されます。3つ目の値が指定されていない場合、0pxが指定されていることになります。

>> 使用例

```
transform-origin: top left;
transform: translate(200px, 100px) scale(1.5, 1.5) rotate(45deg);
```

2-10 - 4 CSSのトランジションとは

たとえば、セレクタの :hover を使って表示を変更すると、その表示は瞬時に切り替わります。それを**連続した動きでなめらかに変化させるのがCSSのトランジション**です。トランジションを使用してボックスを回転させると実際に画面上でくるくると回転し、移動させると画面上をスーッと移動するようになります。

トランジションは、**ある状態からそれとは違う別の状態へという二点間の変化**しか表現することができません。それを連続して次々と別の状態へと変化させられるようにしたのがCSSのアニメーションです。

2-10 - 5 transition-propertyプロパティ

トランジションを実行させるためには、「どのプロパティ」の値が変更されたときに「どれだけの時間」をかけて変化させるのかを指定しなければなりません。transition-propertyプロパティは、**「どのプロパティ」の値が変更されたときにトランジションを実行させるのかを設定**するプロパティです。「どれだけの時間」をかけるのかは、次のtransition-durationプロパティで設定します。

transition-propertyプロパティに指定できるのは次の値です。**初期値は all**です。

表**2-10-4**：transition-propertyプロパティに指定できる値

値	値の示す意味
プロパティ名	値が変更されたときにトランジションを適用するプロパティの名前を指定します。カンマで区切って複数指定できます。
all	トランジションの適用が可能なすべてのプロパティに適用します。
none	どのプロパティにもトランジションを適用しません。

>> 使用例

```
#sample {
  transition-property: transform, opacity;
  transition-duration: 2s;
}
```

2-10 - 6　transition-durationプロパティ

transition-durationプロパティは、トランジションを実行する際に**どれだけの時間をかけて変化させるのかを設定**するプロパティです。

値には、時間をあらわす数値に右表のいずれかの単位をつけて指定します。**初期値は0s**です。

表2-10-5：指定可能な時間の単位

単位	説明
s	秒
ms	ミリ秒（1/1000秒）

✓ 補足説明

トランジション関連プロパティの値は、それぞれカンマで区切って複数指定できます。たとえば次のように指定すると、transformには2秒かけ、opacityには5秒かけます。

》使用例

```
#sample {
  transition-property: transform, opacity;
  transition-duration: 2s, 5s;
}
```

2-10 - 7　transition-timing-functionプロパティ

トランジション機能で表示を変化させる際、最初から最後まで一定のスピードになっていると、変化の種類によっては機械的で不自然な印象を与えてしまいます。そこで、ゆっくりと変化を開始して徐々にスピードを上げ、だんだんとスピードを落としながら終了する、といったように**様々なパターンで速度に変化をつけられる**ようになっています。その指定をおこなうのがtransition-timing-functionプロパティです。

値にはさまざまなキーワードや関数が指定できますが、主要なキーワードには次のようなものがあります。**初期値は ease** です。

表2-10-6：transition-timing-functionプロパティに指定できる値（主要なものを抜粋）

値	値の示す意味
ease	加速をつけて、ゆっくりと始まり、ゆっくりと終わります。
ease-in	ゆっくりと始まり、一定速度で終わります。
ease-out	一定速度で始まり、ゆっくりと終わります。

ease-in-out	ゆっくりと始まり、ゆっくりと終わります。
linear	最初から最後まで一定の速度で変化します。

2-10 - 8 transition-delayプロパティ

transition-delayプロパティは、**トランジションの開始を遅らせる**プロパティです。値には、時間をあらわす数値に単位をつけて指定します。**初期値は0s**です。

2-10 - 9 transitionプロパティ

transitionプロパティは、**トランジション関連のプロパティの値をまとめて指定**できるプロパティです。空白文字で区切って順不同で指定できます。ただし、時間をあらわす値については、1つ目に指定されているものが**transition-durationプロパティ**の値で、2つ目に指定されているものが**transition-delayプロパティ**の値だと認識されます。

>> **使用例**

```
li {
  transition: background-color 3s;
  background-color: silver;
}
li:hover {
  background-color: red;
}
```

2-10 - 10 CSSのアニメーションとは

CSSのアニメーションは、ひとことで言ってしまえばトランジションを連続して実行させるようなものです。

それを実現するために、どの段階でどの値がどう変化するのかを記した**キーフレームという特別な書式**を使用します。ただし、それを除けばトランジションとほぼ同様の機能を持ったプロパティも多くあり、それらの名称(プロパティ名)や指定方法は多くの部分で共通しています。

2-10 - 11 @keyframes

CSSのアニメーションでは、決められた時間の中のどのタイミングでどの値がどう変化するのかをキーフレームと呼ばれる右のような書式で記入します。

まずはじめに**@keyframes**と書き、空白文字で区切って**キーフレームの名前**を指定します。CSS3のアニメーションは、ここでつけた名前をanimation-nameプロパティの値として指定することで実行されます。

そのあとの { } 内には、アニメーション全体の長さ（再生時間）の中の何%の時点で、どのプロパティの値がどの状態になるのかを ○**% { }** の書式で記述していきます。プロパティと値はいくつでも指定可能です。0% { } と100% { } または from { } と to { } の指定は必須ですが、そのあいだの%は自由に指定できます。

図2-10-2：キーフレームの書式

```
@keyframes 名前 {
  0% {
    プロパティ: 値;
    プロパティ: 値;
    …
  }
  ○% {
    プロパティ: 値;
    プロパティ: 値;
    …
  }
  …
  ○% {
    プロパティ: 値;
    プロパティ: 値;
    …
  }
  100% {
    プロパティ: 値;
    プロパティ: 値;
    …
  }
}
```

▽ 補足説明

キーフレームの「0%」は「**from**」、「100%」は「**to**」と書くこともできます。

2-10 - 12 animation-nameプロパティ

アニメーションを実行させるためには、キーフレームを名前で指定し、アニメーションの再生時間を指定する必要があります。animation-nameプロパティは、**キーフレームを名前で指定して実行させる**ためのプロパティです（トランジションでのtransition-propertyプロパティに相当します）。
指定できる値は次のとおりです。**初期値はnone**です。

表2-10-7：animation-nameプロパティに指定できる値

値	値の示す意味
キーフレームの名前	アニメーションを実行させるキーフレームの名前を指定します。カンマで区切って複数指定できます。
none	アニメーションを実行しません。

✓ 補足説明

アニメーション関連プロパティの値は、トランジション関連プロパティの値と同様にカンマで区切って複数指定できます。値の個数が合わない場合の処理は、background関連プロパティで複数の背景画像を指定した場合と同様になります（「2-5-2 background-imageプロパティ（p.162）」参照）。

2-10 - **13** animation-durationプロパティ

animation-durationプロパティは、**アニメーションの再生時間を設定**するプロパティです。transition-durationプロパティと同様に、値には時間を指定します。**初期値は 0s** です。

>> **使用例**

```
#sample:hover {
  animation-name: jumping;
  animation-duration: 10s;
}
```

2-10 - **14** animation-timing-functionプロパティ

トランジションにおけるtransition-timing-functionプロパティと同様に、**アニメーションの再生速度の変化パターンを設定**するのがanimation-timing-functionプロパティです。指定できる値はtransition-timing-functionプロパティと同じで、**初期値はease** です。

表2-10-8：animation-timing-functionプロパティに指定できる値（主要なものを抜粋）

値	値の示す意味
ease	加速をつけて、ゆっくりと始まり、ゆっくりと終わります。
ease-in	ゆっくりと始まり、一定速度で終わります。
ease-out	一定速度で始まり、ゆっくりと終わります。

次ページに続く

| ease-in-out | ゆっくりと始まり、ゆっくりと終わります。 |
| linear | 最初から最後まで一定の速度で変化します。 |

2-10 - 15 animation-delayプロパティ

transition-delayプロパティのアニメーション版で、**アニメーション再生の開始を遅らせる**プロパティです。値には、時間をあらわす数値に単位をつけて指定します。**初期値は0s**です。

2-10 - 16 animation-iteration-countプロパティ

animation-iteration-countプロパティは、**アニメーションを何回繰り返して再生させるのかを設定**するプロパティです。**初期値は1**です。infiniteを指定すると、停めるかウィンドウを閉じるまで再生を繰り返します。

表2-10-9：animation-iteration-countプロパティに指定できる値

値	値の示す意味
数値	アニメーションを繰り返す回数を指定します。
infinite	停めるかウィンドウを閉じるまでアニメーションの再生を繰り返します。

2-10 - 17 animation-directionプロパティ

animation-directionプロパティは、**再生の際に逆再生させるかどうか、または繰り返し再生する中でのどのタイミングで逆再生させるのかを設定**するプロパティです。**初期値はnormal**です。

表2-10-10：animation-directionプロパティに指定できる値

値	値の示す意味
normal	常にキーフレーム通りに再生します。
reverse	常に逆再生します。
alternate	繰り返しの際、キーフレーム通りの再生と逆再生を順に繰り返します。
alternate-reverse	繰り返しの際、逆再生とキーフレーム通りの再生を順に繰り返します。

2-10 - **18** animation-play-stateプロパティ

animation-play-stateプロパティは、アニメーションの**再生を一時停止させる**際に使用するプロパティです。pausedを指定すると一時停止し、runningを指定すると再生が開始されます。**初期値は running** です。

表**2-10-11**：animation-play-stateプロパティに指定できる値

値	値の示す意味
running	アニメーションを再生可能な状態にします。
paused	アニメーションをポーズ(一時停止)の状態にします。

2-10 - **19** animation-fill-modeプロパティ

animation-fill-modeプロパティは、**animation-delayプロパティによって再生の開始が遅延されている間の表示、および再生終了後の表示を設定**するプロパティです。次の値が指定でき、**初期値は none** です。

表**2-10-12**：animation-fill-modeプロパティに指定できる値(逆再生の場合は0%と100%が逆になる)

値	値の示す意味
forwards	再生後は@keyframesの100%の表示のままにします。
backwards	animation-delayの間は@keyframesの0%の表示になります。
both	animation-delayの間は@keyframesの0%の表示、再生後は100%の表示にします。
none	@keyframes { } 内の指定とは無関係に表示します。

2-10 - **20** animationプロパティ

animationプロパティは、**アニメーション関連のプロパティの値をまとめて指定できる**プロパティです。空白文字で区切って順不同で指定できます。transitionプロパティ同様、時間をあらわす値については、1つ目が**animation-durationプロパティ**の値、2つ目が**animation-delayプロパティ**の値となります。

2-11 その他

ここが重要!

▶ グラデーション指定の基本形は、方向または中心位置と色を2色指定すればOK

▶ セルのボーダーを1本にするには、border-collapse: collapse;を指定する

▶ q要素で表示される引用符の種類はquotesプロパティで設定する

2-11 - 1 直線状のグラデーション

CSSの書式で**画像が指定可能なところであれば、url( ) の代わりに linear-gradient( )またはradial-gradient( ) という関数を使用してグラデーションを表示させることができます**。linear-gradient( ) は、上から下、右から左、といった直線的なグラデーション（線形グラデーション）を表示させる際に使用します。radial-gradient( ) は、まるく放射状のグラデーション（円形グラデーション）を表示させる際に使用します。

linear-gradient( ) 関数はかなり複雑な指定も可能ですが、基本的な指定方法は次のようになっています。

```
linear-gradient( 方向, 開始色, 終了色 )
```

方向は、「**単位をつけた角度」または「to」に続く「left」「right」「top」「bottom」のキーワード**で指定します。「0deg」だと下から上方向、「90deg」だと左から右方向へのグラデーションとなります。キーワードは「to top」だと下から上方向、「to right」だと左から右方向へのグラデーションとなります。「to top right」のようにして、左下から右上方向へのグラデーションを指定することも可能です。方向は省略が可能で、**デフォルト値は「to bottom（上から下方向）」**です。

開始色と終了色の後ろには、その色になる位置も指定できます。実は開始色と終了色の間にも途中の色をいくつでも指定できるようになっているため、どの位置でその色になるのかが指定できるわけです。位置は、空白文字で区切って「単位をつけた実数」または「パー

センテージ」で指定できます。

次に示す例は、どれも同じ表示結果になります。

≫ 使用例

```
background: linear-gradient(#ddd, #333);
background: linear-gradient(to bottom, #ddd, #333);
background: linear-gradient(180deg, #ddd, #333);
background: linear-gradient(180deg, #ddd 0%, #333 100%);
```

図2-11-1
上のソースコードの表示例

2-11 - 2 放射状のグラデーション

radial-gradient( )関数の基本的な指定方法は次のとおりです。

```
radial-gradient( 中心の位置 , 中心の色 , 外側の色 )
```

中心の位置は、**「at」に続けてbackground-positionプロパティ（p.168）と同じ値**が指定できます。**デフォルト値は「center」**です。実際には、この中心位置の前に空白文字で区切って円の種類「circle（正円）」または「ellipse（楕円）」、円の大きさ（単位つきの数値とパーセンテージ、キーワード）も指定できます。また、linear-gradient( )と同様に途中の色も追加可能で、色の後ろには位置も指定できます。

次に示す例は、どれも同じ表示結果になります。

≫ 使用例

```
background: radial-gradient(#ddd, #333);
background: radial-gradient(at center, #ddd, #333);
background: radial-gradient(at 50% 50%, #ddd, #333);
```

図2-11-2
前ページの下のソースコードの
表示例

⌄ 補足説明

円の大きさ（半径）を示すキーワードには、「closest-side（中心から一番近い辺まで）」
「farthest-side（中心から一番遠い辺まで）」「closest-corner（中心から一番近い角まで）」
「farthest-corner（中心から一番遠い角まで）」があります。

2-11 - 3 リスト関連のプロパティ

リストに関連する主なプロパティは次のとおりです。

表2-11-1：リスト関連のプロパティ

プロパティ名	主な機能
list-style-type	行頭記号の種類を設定します。
list-style-image	行頭記号として表示させる画像を設定します。
list-style-position	行頭記号の表示位置を、項目の1文字目の位置に変更します。
list-style	リスト関連プロパティの値を空白文字で区切ってまとめて指定します。

list-style-typeプロパティには次の値が指定できます。初期値は「disc」です。

表2-11-2：list-style-typeプロパティに指定できる値

値	値の示す意味
none	行頭記号を消します。
disc	塗りつぶした丸にします。
circle	白抜きの丸にします。
square	四角にします。
decimal	数字にします。
decimal-leading-zero	01.02.03. ~ 99.のように先頭に0をつけた数字にします。
lower-roman	小文字のローマ数字にします。
upper-roman	大文字のローマ数字にします。

lower-latin	小文字のアルファベットにします。
upper-latin	大文字のアルファベットにします。
lower-alpha	小文字のアルファベットにします。
upper-alpha	大文字のアルファベットにします。
lower-greek	小文字のギリシャ文字にします。

list-style-imageプロパティには次の値が指定できます。初期値は「none」です。

表2-11-3：list-style-imageプロパティに指定できる値

値	値の示す意味
url( )	指定した画像を行頭記号として表示させます。
none	画像を行頭記号として表示させません。

list-style-positionプロパティには次の値が指定できます。初期値は「outside」です。

表2-11-4：list-style-positionプロパティに指定できる値

値	値の示す意味
outside	テキストを表示させる領域の外側に行頭記号を表示させます。
inside	テキストを表示させる領域の内側に行頭記号を表示させます。

2-11 - 4 テーブル関連のプロパティ

テーブルに関連する主なプロパティは次のとおりです。

表2-11-5：テーブル関連のプロパティ

プロパティ名	主な機能
caption-side	キャプションを表の下に表示させます。
border-collapse	ボーダーをセルごとに個別に表示させずに、セルを区切る線だけを表示させます。
border-spacing	セルを個別に表示させている状態での、隣接するセルのボーダーとボーダーの間隔を設定します。
empty-cells	セルを個別に表示させている状態で、内容が空のセルの背景とボーダーを表示させるかどうかを設定します。
table-layout	テーブルのすべてのデータを読み込む前にレンダリングを開始させます。

caption-sideプロパティに「bottom」を指定すると、キャプションは表の下に表示されます。初期値は「top」です。

border-collapseプロパティに「collapse」を指定すると、セルのボーダーが個別に表示されなくなり、セルを区切る1本の線だけが表示されます。初期値は「separate」です。

empty-cellsプロパティに「hide」を指定すると、内容が空のセルの背景とボーダーが表示されなくなります。初期値は「show」です。

table-layoutプロパティに「fixed」を指定すると、最初の横一列分のデータを読み込んだ段階で幅を決定し、すぐにレンダリングを開始します。初期値は「auto」です。

2-11 - 5 内容を追加するプロパティ

CSSで内容を追加することのできるcontentプロパティおよびそれに関連する主なプロパティは次のとおりです。

表2-11-6：contentプロパティとその関連プロパティ

プロパティ名	主な機能
content	CSSで内容（テキスト・画像・引用符・カウンタなど）を追加します。
quotes	q要素の前後に付ける引用符の種類を設定します。
counter-reset	カウンタの値をリセットします。
counter-increment	カウンタの値を進めます。

contentプロパティには次の値が指定できます。
初期値は「normal」です。

表2-11-7：contentプロパティに指定できる値

値	値の示す意味
テキスト	コンテンツとして追加するテキストをダブルクォーテーションまたはシングルクォーテーションで囲って指定します。
url( )	コンテンツとして追加するデータ（画像など）のアドレスを指定します。
attr( )	このプロパティが指定された要素に、属性名で指定した属性が指定されている場合、その値をテキストとして追加します。
counter( )	コンテンツとして追加するカウンタの名前を指定します。
open-quote, close-quote	quotesプロパティで設定されている引用符を追加します。
none	コンテンツを追加しません。

quotesプロパティには次の値が指定できます。
初期値はブラウザによって異なります。

表**2-11-8**：quotesプロパティに指定できる値

値	値の示す意味
文字列	引用符として使用する記号を半角スペースで区切ってペアで指定します。さらに半角スペースで区切ってペアを指定しておくと、引用が入れ子になった場合の引用符として使用されます。 使用例：q { quotes: "「" "」" "『" "』"; }
none	引用符を表示しません。

counter-resetプロパティには、値をリセットしたいカウンタの名前を指定します。counter-incrementプロパティでカウンタの値を進める場合にも、カウンタの名前を指定するだけでOKです。

≫ 使用例

```
body {
  counter-reset: chapter;
}
h1::before {
  counter-increment: chapter;
  content: "第" counter(chapter) "章 ";
}
```

✔ 補足説明

contentプロパティで要素内容を追加する場合は、セレクタの::before疑似要素または::after疑似要素を使用します。

練習問題

01 @import で外部スタイルシートを読み込ませる以下の書き方のうち、文法的に間違っているものをすべて選びなさい。

   A. `@import style.css;`

   B. `@import "style.css";`

   C. `@import url("style.css");`

   D. `@import url(style.css);`

   E. `@import "style.css" screen;`

02 長さをあらわす単位のひとつである「rem」とはどのような単位か。以下の中から正しいものを1つ選びなさい。

   A. 親要素のフォントサイズを1とする単位

   B. 親要素のフォントの数字の0の幅を1とする単位

   C. レスポンシブ係数を1とする単位

   D. ルート要素のフォントサイズを1とする単位

   E. ルビ(rt要素)のフォントサイズを1とする単位

03 以下のセレクタのうち、拡張子が「.png」の画像を表示させるimg要素が適用対象となるものはどれか。すべて選びなさい。

   A. `img[src*=".png"]`

   B. `img[src~=".png"]`

   C. `img[src|=".png"]`

   D. `img[src^=".png"]`

   E. `img[src$=".png"]`

04 以下のセレクタのうち、文法的に間違っているものをすべて選びなさい。

   A. `p::first-line`

   B. `p::first-letter`

   C. `p::first-line strong`

   D. `p::first-line::first-letter`

   E. `p::first-line ::first-letter`

05 **tr:nth-child(even) と適用先がまったく同じになるセレクタは以下のうちのどれか。該当するものをすべて選びなさい。**

    A. `tr:nth-child(2)`
    B. `tr:nth-child(2n)`
    C. `tr:nth-child(n)`
    D. `tr:nth-child(2n+0)`
    E. `tr:nth-child(2n+1)`

06 **コンテンツとしてbody要素の中にh1要素が1つとそれに続くp要素が3つ入っているだけのHTML文書がある。先頭のp要素だけにCSSを適用するセレクタは以下のうちのどれか。1つ選びなさい。**

    A. `h1 > p`
    B. `h1 < p`
    C. `h1 ~ p`
    D. `h1 + p`
    E. `body p`

07 **body要素の中に、href属性の値が「#top」となっているa要素と、id属性の値が「top」になっているdiv要素だけが入っている。この場合、セレクタが「:target」となっている表示指定の適用対象になる要素はどれか。1つ選びなさい。**

    A. body要素
    B. a要素
    C. div要素
    D. a要素とdiv要素
    E. どこにも適用されない

08 **通常のCSS適用の優先度は、その指定元により「ユーザーエージェント」→「ユーザー」→「制作者」の順に高くなるが、これらすべての宣言に!importantを付けると優先度はどうなるか。正しいものを1つ選びなさい。**

    A. 【低】「ユーザーエージェント」→「ユーザー」→「制作者」【高】
    B. 【低】「制作者」→「ユーザー」→「ユーザーエージェント」【高】
    C. 【低】「ユーザー」→「制作者」→「ユーザーエージェント」【高】
    D. 【低】「ユーザーエージェント」→「制作者」→「ユーザー」【高】
    E. 【低】「制作者」→「ユーザー」【高】　※ユーザーエージェントに!importantは付かない

練 習 問 題

09 以下のセレクタのうち、詳細度による優先順位がもっとも高くなるものはどれか。1つ選び
なさい。

A. `#aaa #bbb #ccc`

B. `#aaa #bbb #ccc .ddd`

C. `#aaa #bbb #ccc h2`

D. `*#aaa section#bbb h1#ccc`

E. `body#aaa section#bbb h1#ccc`

10 **hsla()**の書式で半透明の赤を指定しているのは以下のうちのどれか。1つ選びなさい。

A. `hsla(255, 0, 0, 0.5)`

B. `hsla(180, 50%, 50%, 0.5)`

C. `hsla(0, 100%, 50%, 0.5)`

D. `hsla(red, 100%, 100%, 0.5)`

E. `hsla(0deg, 100%, 50%, 0.5)`

11 背景関連のプロパティのうち、カンマで区切って複数の値を指定できないものはどれか。
該当するものを以下からすべて選びなさい。

A. `background-color`

B. `background-repeat`

C. `background-position`

D. `background-clip`

E. `background-origin`

12 **background-size**プロパティの値として「**contain**」を指定した場合、背景画像の大き
さはどうなるか。以下の中から正しいものを1つ選びなさい。

A. 縦横比を保った状態で、背景画像の全体が表示される最大サイズになる

B. 縦横比を保った状態で、背景画像の全体が表示される最小サイズになる

C. 縦横比を保った状態で、背景画像1つで表示領域全体を隙間なく覆う最大サイズに
なる

D. 縦横比を保った状態で、背景画像1つで表示領域全体を隙間なく覆う最小サイズに
なる

E. 縦横比を表示領域に合わせ、背景画像1つで全体を隙間なく覆う

13 下線・上線・取消線の表示と非表示を指定可能なプロパティは以下のうちのどれか。該当するものをすべて選びなさい。

    A. text-decoration

    B. text-decoration-line

    C. text-decoration-style

    D. text-decoration-color

    E. text-decoration-border

14 word-breakプロパティの値として「break-all」を指定するとどのような効果があるか。以下の中から正しいものを1つ選びなさい。

    A. テキストの折り返しが一切行われなくなる

    B. テキストの折り返しがどこででも行われるようになる

    C. テキストの折り返しが単語間でのみ行われるようになる

    D. テキストの折り返しが­の位置でのみ行われるようになる

    E. テキストの折り返しがwbr要素の位置でのみ行われるようになる

15 hyphensプロパティで、­が入力されている箇所でのみハイフネーションが行われるようにしたい場合に指定すべき値はどれか。以下より1つ選びなさい。

    A. shy

    B. soft

    C. wbr

    D. hard

    E. manual

16 背景色を指定したブロックレベル要素の中にコンテンツとして画像を1つだけ入れたら、画像の下に隙間ができていた。この隙間をなくすためにimg要素に指定すべき宣言は以下のうちどれか。適切なものを1つ選びなさい。

    A. margin: 0;

    B. padding: 0;

    C. text-align: bottom;

    D. border: none;

    E. vertical-align: bottom;

練 習 問 題

17 Webフォントを指定する際に使用する書式は以下のうちのどれか。1つ選びなさい。

A.　@import { … }

B.　@charset { … }

C.　@font-family { … }

D.　@font-face { … }

E.　@web-font { … }

18 box-sizingプロパティの初期値は以下のうちのどれか。1つ選びなさい。

A.　margin-box

B.　border-box

C.　padding-box

D.　content-box

E.　auto

19 margin: 10px 20px 30px; と指定した場合、上下左右のマージンはそれぞれ何ピクセルになるか。正しいものを以下より1つ選びなさい。

A.　上:10px　下:20px　左:30px　右:30px

B.　上:10px　下:20px　左:20px　右:30px

C.　上:10px　下:30px　左:20px　右:20px

D.　上:10px　下:10px　左:20px　右:30px

E.　上:20px　下:20px　左:10px　右:30px

20 box-shadowプロパティの値として指定する数値のうち、4番目の数値は何を示しているか。以下の中から正しいものを1つ選びなさい。

A.　影の不透明度

B.　影を拡張させる距離

C.　影をぼかす範囲

D.　影をボックスから右にずらす距離

E.　影をボックスから下にずらす距離

21 以下の宣言のうち、ボックスの内部が3段組みになる指定はどれか。該当するものを以下からすべて選びなさい。

    A．`columns: 3;`

    B．`column-gap: 3;`

    C．`column-count: 3;`

    D．`column-span: 3;`

    E．`column-rule: 3;`

22 CSSのアニメーションで、アニメーションを繰り返す回数を指定するプロパティはどれか。以下から1つ選びなさい。

    A．`animation-direction`

    B．`animation-fill-mode`

    C．`animation-timing-function`

    D．`animation-play-state`

    E．`animation-iteration-count`

23 linear-gradient( ) 関数のグラデーションの方向を示す角度として「0deg」を指定した場合、グラデーションの方向はどうなるか。以下の中から正しいものを1つ選びなさい。

    A．上から下

    B．下から上

    C．左から右

    D．右から左

    E．中心から放射状

24 CSSで自動的に連番を表示させるカウンタ機能を利用する際に使用するプロパティはどれか。該当するものを以下よりすべて選びなさい。

    A．`content`

    B．`counter-reset`

    C．`counter-name`

    D．`counter-increment`

    E．`counter-iteration-count`

練習問題の答え

01の答え　A »» **2-1** - **5** で解説

URLを文字列として指定する場合は、ダブルクォーテーション（"）またはシングルクォーテーション（'）が必要です。関数形式の場合には省略が可能です。

02の答え　D »» **2-1** - **7** で解説

「rem」は「root em」の意味で、ルート要素のフォントサイズを1とする単位です。HTMLのルート要素はhtml要素ですので「html要素のフォントサイズを1とする単位」になります。

03の答え　A、E »» **2-2** - **6** で解説

Aの img[src*=".png"] は、src属性の値の中に「.png」が含まれているimg要素を適用対象とします。Eの img[src$=".png"] は、src属性の値が「.png」で終わるimg要素を適用対象とします。

04の答え　C、D、E »» **2-2** - **9** で解説

疑似要素は、セレクタ全体の最後尾に1つだけ配置できます。Cは最後尾にないので×。DとEは疑似要素が複数あるので×となります。

05の答え　B、D »» **2-2** - **8** で解説

Aの tr:nth-child(2) は2番目のtr要素にだけ適用されます。Eの tr:nth-child(2n+1) は、tr:nth-child(odd) と同じ適用先になります。

06の答え　D »» **2-2** - **10** で解説

A（h1 > p）はどこにも適用されません。B（h1 < p）のセレクタはCSSでは定義されていません。C（h1 ~ p）とE（body p）はすべてのp要素に適用されます。

07の答え　C »» **2-2** - **8** で解説

:target疑似クラスは、URLの最後が「#○○○」となっているリンクをクリックした時の対象（ジャンプ先）となった要素を適用対象とする要素です。

08の答え　B »» **2-3** - **2** で解説

「ユーザーエージェント」「ユーザー」「制作者」の宣言に!importantを付けると、優先度の順序は逆になります。

09の答え　B »» **2-3** - **3** で解説

セレクタの詳細度は、Aは「300」、Bは「310」、Cは「301」、Dは「302」、Eは「303」となり、Bの優先順位がもっとも高くなります。

10の答え　C　» 2-4 - 4 で解説

hslaは、hue（色相）・saturation（彩度）・lightness（明度）・alpha（不透明度）の値を
カンマで区切って指定します。色相はカラーサークルにおける角度（単位なし）、彩度
と明度に関しては0%～100%のパーセント値、不透明度は0.0～1.0の数値で指定し
ます。

11の答え　A　» 2-5 - 1 ～ 2-5 - 9 で解説

CSS3では、1つのボックスに複数の背景画像が指定できるようになり、それに合わせ
てbackground-color以外のプロパティはすべて複数の値が指定できるようになってい
ます。

12の答え　A　» 2-5 - 5 で解説

background-sizeプロパティの値に「contain」を指定すると、元の縦横比を保った状
態で、背景画像の全体が表示される最大サイズになります。

13の答え　A、B　» 2-6 - 2 で解説

CSS2.1までのtext-decorationプロパティの役割は、CSS3ではtext-decoration-line
プロパティに引き継がれました。text-decorationプロパティは、それら関連プロパティ
の値をまとめて指定できるプロパティへと変更されています。

14の答え　B　» 2-6 - 3 で解説

word-breakプロパティの値「break-all」は、行の折り返し（break）がすべての箇所（all）
で行えるという意味です。

15の答え　E　» 2-6 - 4 で解説

hyphensプロパティに指定できる値は「none」「manual」「auto」のみです。「none」は
ハイフネーションを一切行わない指定で、「auto」はブラウザが適切な箇所でハイフネー
ションを行う指定です。

16の答え　E　» 2-6 - 7 で解説

画像の下に隙間ができているのはvertical-alignプロパティの初期値が「baseline」と
なっているためです。「bottom」を指定すると隙間は消えます。

17の答え　D　» 2-7 - 1 で解説

Webフォントは、@font-face という書式でWeb上にあるフォントを指定して使用し
ます。font-family: で名前を定義し、src: でフォントのURLを指定します。

練 習 問 題 の 答 え

18の答え　D　≫ `2-8`-`4` で解説

box-sizingは、widthやheightなどのプロパティの適用対象領域を設定するプロパティで、初期値は「content-box」です。

19の答え　C　≫ `2-8`-`1` で解説

marginプロパティに値を3つ指定した場合、1つ目の値は上、2つ目の値は左右、3つ目の値は下に適用されます。

20の答え　B　≫ `2-8`-`6` で解説

box-shadowの4番目の数値は、影を外側の四方に拡張させて大きくする距離を示します。

21の答え　A、C　≫ `2-9`-`2`、`2-9`-`4` で解説

column-countプロパティは、何段組みにするのかを指定するプロパティです。columnsプロパティを使用すると、column-countとcolumn-widthの値をまとめて指定できます。

22の答え　E　≫ `2-10`-`16` で解説

英単語のiterationには「反復」「繰り返し」といった意味があります。

23の答え　B　≫ `2-11`-`1` で解説

「0deg」は「to top」と同じで下から上を指します。方向を省略した際のデフォルト値は逆の「to bottom」で、角度は「180deg」となります。

24の答え　A、B、D　≫ `2-11`-`5` で解説

カウンタはcounter-resetプロパティでリセットし、counter-incrementプロパティでカウンタの値を進めます。コンテンツ内にカウンタを追加して表示させるにはcontentプロパティを使用します。

レスポンシブ
Webデザイン

3-1
3-2
3-3
3-4

3-1 レスポンシブWebデザインと関連技術

ここが重要!

▶ 多種多様なデバイスが存在する現状では、画面サイズなどのデバイス特性や変化する通信状況に適用できる画面作成スキルが求められる

▶ レスポンシブWebデザインは、1つのHTMLで、デバイスの特性に応じてレイアウトやデザインを変更する手法

▶ レスポンシブWebデザインには、Fluid Grid（可変グリッド）やメディアクエリなどの複数の技術が必要となる

3-1 - 1 レスポンシブWebデザインとは

多種多様なデバイスが登場し続ける状況の中、デバイスごとの対応サイトを開発するのは開発コストがかかり、また将来に登場する端末に対応できるかどうかもわかりません。このようなマルチデバイスからの閲覧に対応するため、レスポンシブWebデザインと呼ばれるWebサイト開発手法が登場しました。レスポンシブWebデザインとは、広い意味では、利用中であるユーザーの状況や環境に合わせ、そのユーザーにより良い体験を提供しようという考え方ですが、手法を表す場合には、**1つのHTMLで、画面横幅などのデバイスの特性に応じてレイアウトやデザインを変更する手法**を指します。本書では、手法を表すものとしてレスポンシブWebデザインを解説します。レイアウトやデザインの変更には様々な手段がありますが、主に「**CSS Media Queries（CSSメディアクエリ）**」（➡ https://www.w3.org/TR/css3-mediaqueries/）というCSSを切り替える機能を利用します。

図 **3-1-1**：レスポンシブWebデザインのイメージ

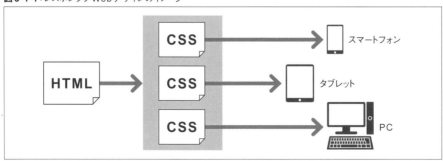

3-1 - 2 レスポンシブWebデザインの メリットとデメリット

レスポンシブWebデザインのメリットには次のようなものがあります。

- 画面サイズさえ合えば、現在存在しないデバイスにも対応可能
- URLが同じとなるため、SEO的に有利
- 特定デバイス向けサイトへのリダイレクトが発生しないため、サイトの**読み込み時間を短縮**できる
- HTMLが1つで済むのでコストを削減できる可能性がある

そして、デメリットには次のようなものがあります。

- 1つのHTMLを複数のCSSで使いまわすのは設計・製造の難易度が高く、逆に高コストになることも
- モバイル向けには**動画や画像も切り替える必要**があり難しい
- 画面フローの変更には対応できない
- HTML/CSSのサイズが増加し、下手をすると**ページ表示や動作が重くなる**

メリットとしてよく挙げられているコスト削減ですが、デメリットに挙げられている設計製造の難易度の高さから、逆に高コストとなる可能性もあります。
このように銀の弾丸というわけにはいきませんが、現状に対応するための一手段として押さえておくべきといえます。

3-1 - 3 レスポンシブWebデザインに必要な技術

レスポンシブWebデザインに必要な技術知識として、次が挙げられます。

- Media Queries（メディアクエリ）
- Fluid Grid（可変グリッド）
- Fluid Image（可変イメージ）
- ビューポート
- リセットCSS

他にも、JavaScriptを用いてレイアウト変更を行ったりすることはありますが、本書では割愛します。以下、これらについて解説します。

3-2 メディアクエリ（Media Queries）

ここが重要！

▶ **メディアクエリには、HTMLのmedia属性で指定する方法と、CSSで @mediaを使う方法がある**

▶ **画面やプリンタなど、対象にするメディアによりCSSを切り替えたいときには、メディア型を使用する**

▶ **画面幅など、対象メディアの特性によってCSSを切り替えたいときには、メディア特性を使用する**

3-2 -1 メディアクエリでのCSS切替方法

メディアクエリはCSSの仕様の1つで、デバイスの特性に応じてCSSを切り替えるものです。レスポンシブWebデザインのキーとなる技術です。

メディアクエリを用いてCSSを切り替える方法には2つあります。

1つ目は、HTMLのlink要素でCSSを読み込む際に、**media属性**を使用する方法です。例を次に示します。

≫ 使用例（HTMLファイル）

```
<link rel="stylesheet" media="screen and (max-width: 480px)"
href="style.css">
```

これで、幅が480pxまでのスクリーンに対し、指定したCSSを適用するようになります。

もう1つは、CSSに条件を記述する方法です。条件の記述には@mediaを使用します。例を次に示します。

≫ 使用例（CSSファイル）

```
@media screen and (max-width: 480px) {
  body {
    /* 印刷用のCSSを記述する */
  }
}
```

3-2 - 2 切り替え条件に使用できる情報

メディアクエリでCSSの切り替え条件に使用できる情報には、**メディア型**（メディアタイプ）と**メディア特性**の2つがあります。

メディア型とは、**どのメディアを対象にするか**の情報です。使用可能なメディア型の値を表3-2-1に示します。

メディア特性とは、対象メディアの幅や高さなどの情報です。メディア特性として使用可能なプロパティを表3-2-2に示します。

これらのメディア型とメディア特性を使い分け、CSSを切り替えていくことがレスポンシブWebデザインの中心となります。

表3-2-1：使用可能なメディア型（p.142の表2-1-1と同じ内容）

値	説明
all	すべての機器（デフォルト値）
screen	PCやスマートデバイスなどの画面
print	プリンタ
projection	プロジェクタ
tv	テレビ
handheld	携帯用機器（画面が小さく回線容量も小さい機器）
tty	文字幅が固定の端末（テレタイプやターミナルなど）
speech	スピーチ・シンセサイザー（音声読み上げソフトなど）
braille	点字ディスプレイ
embossed	点字プリンタ

表3-2-2：使用可能なメディア特性

メディア特性	値の示すもの	指定可能な値
width min-width max-width	ビューポート（後述）の幅（の最小/最大値）	整数（負の値は指定不可）
height min-height max-height	ビューポートの高さ（の最小/最大値）	整数（負の値は指定不可）
device-width min-device-width max-device-width	デバイスの幅（の最小/最大値）	整数（負の値は指定不可）
device-height min-device-height max-device-height	デバイスの高さ（の最小/最大値）	整数（負の値は指定不可）
aspect-ratio min-aspect-ratio max-aspect-ratio	表示領域のアスペクト比（の最大/最小値）	水平/垂直の整数で指定（例：16/9）
device-aspect-ratio min-device-aspect-ratio max-device-aspect-ratio	デバイスのアスペクト比（の最小/最大値）	水平/垂直の整数で指定（例：16/9）

次ページに続く

表3-2-2：使用可能なメディア特性（続き）

メディア特性	値の示すもの	指定可能な値
grid	出力デバイスがグリッド式（TTY端末や携帯電話のように単一のフォントを有するもの）か、それ以外かを指定	1（グリッド式）、0（それ以外、PCやスマートデバイスのディスプレイはこちら）
resolution min-resolution max-resolution	デバイスの解像度（の最小/最大値）	整数に、dpi（1インチあたりドット数）、dpcm（1センチあたりドット数）、dppx（1ピクセルあたりドット数）のいずれかをつなげて指定
orientation	デバイスの向きを指定	landscape：横置き portrait：縦置き
color min-color max-color	デバイスの色のビット数（の最小/最大値）。カラーでない場合は0となる	整数（負の値は指定不可）
color-index min-color-index max-color-index	デバイスの色数（の最小/最大値）	整数（負の値は指定不可）
monochrome min-monochrome max-monochrome	デバイスがモノクロ階調数（の最大/最小値）。モノクロでない場合は0となる	整数（負の値は指定不可）
scan	メディア型がtvの場合の走査線処理方法	progressiveなど

メディア型の利用例として、プリンタでの印刷時にbody要素の背景色を白にするCSSを右に示します。

» 使用例（CSSファイル）

```
@media print {
  body {
    background-color: white;
  }
}
```

メディア特性とメディア型を組み合わせた例として、PCやスマートデバイスを対象とし、幅が480pxまでの場合、body要素の文字色を赤にするCSSを右に示します。

» 使用例（CSSファイル）

```
@media screen and (max-width: 480px) {
  body {
    color: red;
  }
}
```

なお、メディア型に未知の値が指定された場合は、false（偽）として扱われます。つまり、そのメディア型は必ず適合しないものとして扱われます。

メディア特性に未知の特性や値が指定された場合は、そのメディアクエリーは「not all」としてとして扱われます。例えば、存在しないメディア特性「min-grid」を使用した「min-grid:3」という指定があると、そのメディアクエリーは「not all」となり、メディアクエリーが指定されていないかのように扱われます。

3-3 その他のレスポンシブWebデザイン関連技術

ここが重要!

▶ **Fluid Image（可変イメージ）は、画像幅をウィンドウ幅に合わせて変更する手法**

▶ **「ビューポート」とはブラウザの表示領域で、HTMLのmeta要素で指定する**

▶ **リセットCSSは、Webブラウザに設定されているデフォルトのCSSを揃えるもの**

3-3 - 1 Fluid Grid（可変グリッド）

さまざまなデバイスを対象とするレスポンシブWebデザインでは、ウィンドウ幅にあわせてコンテンツの幅を可変とする本技術は必須となります。

「Fluid Grid（可変グリッド）」とは、グリッドの幅や数がウィンドウ幅に応じて変化する**グリッドシステム**です。グリッド（グリッドシステム）とは、レイアウトを決める一般的なデザイン手法の1つで、基準となるラインを設定し、そのラインに沿って画像やテキストを配置します。同じラインに沿って配置されているものは離れていても結びつきができるため、視認性の高いデザインを作ることができます。Webサイトにおいては、縦に均等に分けたものをグリッドとすることが多いです。

例として、12カラムグリッドであるNewsweekサイト（➡ https://www.newsweek.com/）でのグリッドを次ページの図3-3-1に示します。

ウィンドウ幅に応じ、そのグリッドの幅や数を変更するようにしたものが、「**Fluid Grid**」です。

Fluid Gridの実現方法ですが、グリッド幅はCSSにて幅を**%などの相対値**で指定することにより実現します。レイアウトについては、前述のメディアクエリを用いウィンドウ幅に応じてCSSを切り替えることで、グリッドの数や幅を調整していきます。最近では**JavaScriptライブラリ**でCSSを動的に変更しFluid Gridを実現するものや、Fluid Gridの機能が組み込まれた**画面フレームワーク**も存在するため、それらを利用するのもよいでしょう。

図3-3-1：Newsweekでのグリッド使用例（約80ピクセルを1グリッドとして構成、2015年3月時点）

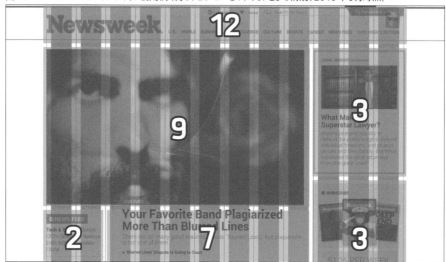

3-3 - 2 Fluid Image（可変イメージ）

「**Fluid Image（可変イメージ）**」とは、画像幅をウィンドウ幅に応じて変更する手法です。前述のFluid Gridと合わせてよく用いられます。

Fluid Imageですが、img要素の「max-width」を100%とすることで実現できます。次はクラス「thumbnail」をFluid Imageとする例です。

》 使用例

```
.thumbnail {
  max-width: 100%;
}
```

3-3 - 3 ビューポート

「**ビューポート**」とは**ブラウザの表示領域**のことです。Webブラウザでの閲覧時は、ビューポートのサイズを元にコンテンツが表示されます。ビューポートは**デバイスの幅や高さとは異なる**ことが多く、たとえばiPhone（3GS）のデバイスの横幅は320pxですが、デフォルトのビューポートでは980pxとなっています。つまり、PCでブラウザの横幅を980pxにしたときの見た目を横幅320pxになるように縮小したものが、iPhoneのブラウザで表

示されることになります。小さいサイズの画面で、かつ縮小されるため、コンテンツによっては非常に見づらくなってしまいます。このようにスマートデバイスでは、ビューポートを意識しないと**意図通りコンテンツが表示されない**ことがあるので注意が必要です。

このビューポートですが、HTMLの**meta要素**から設定を変更することが可能です。次の例は、ビューポートの横幅をデバイスのものと同じに設定するものです。

>> 使用例

```
<meta name="viewport" content="width=device-width">
```

表3-3-1：ビューポートで使用可能なプロパティ

プロパティ	値の示すもの	指定可能な値
width	ビューポートの幅	10,000までの正の数。特別な値としてdevice-widthを指定可能
height	ビューポートの高さ	10,000までの正の数。特別な値としてdevice-heightを指定可能
initial-scale	表示倍率の初期値	0.1～10までの数
minimum-scale	表示倍率の最小値	0.1～10までの数
maximum-scale	表示倍率の最大値	0.1～10までの数
user-scalable	ユーザーによる拡大縮小の可否	yes/noか1(=yes)/0(=no)で指定

✔ 補足説明

ビューポートですが、現在は次のどちらかの設定をすることが多いです。

>> 使用例 1

```
<meta name="viewport" content="width=device-width">
```

ビューポートの横幅を**デバイスのものと同じ**に設定しています。これで、メディアクエリを用いていた場合でも、デバイスの画面サイズに応じたCSSが適用されることになります。ただし、初期の倍率を指定していないため、端末の向きを縦から横に変えた際に画面表示が拡大されるだけとなる可能性があります。これを回避し画面サイズに合わせたCSSを適用させたい場合は、新たに初期倍率を1.0倍に指定する「initial-scale=1.0」を追加します。

>> 使用例 2

```
<meta name="viewport" content="width=device-width,initial-scale=1.0">
```

こうすることで、画面サイズに合わせたCSSが適用されます。ここから更に拡大縮小の可否や表示倍率の最大最小などを指定することもあります。

3-3 - 4 リセットCSS

各Webブラウザには、デフォルトでスタイルが設定されています。特にユーザーがスタイルを指定しなくとも、h1要素で文字が大きくなったりするのはそのためです。ただ、このデフォルトスタイルがブラウザごとに異なるため、それがブラウザごとの表示差異の原因の1つとなっていました。**リセットCSS**は、このデフォルトスタイルを揃えるものです。リセットCSSには大きく分けて次の2つがあります。

■ デフォルトのCSSを数多く初期化するもの
■ ある程度のスタイルは残し、表示の差異となる箇所をそろえるもの

前者の代表的なものにYahoo User Interface Libraryのreset.css（➡ https://clarle. github.io/yui3/yui/docs/cssreset/）、後者の代表的なものにnormalize.css（➡ http:// necolas.github.io/normalize.css/）があります。

リセットCSSはレスポンシブWebデザインに特化したものではなく、一般的なWebサイト開発でも不可欠なものといえます。

3-4 その他マルチデバイス対応 関連技術

ここが重要！

▶ **CSSスプライトは、複数の画像を1つにまとめることで、ページ表示速度を 向上することができる手法である**

▶ **Retinaディスプレイでは、4デバイスピクセルが1CSSピクセルとして扱わ れる**

▶ **script要素でHTMLパース処理を中断させずにJavaScriptを読み込む ためには、async属性/defer属性を使う**

3-4 - **1** CSSスプライト

急速に普及したスマートデバイスを含め、現在のサイトはさまざまなデバイスから利用されるようになっています。ここでは、スマートデバイスを中心に、マルチデバイス対応するにあたり有用な技術を解説します。

CSSスプライトとは、**複数の画像を連結して1ファイルにまとめ、CSSで表示範囲を指定して各画像を使用する**手法です。何もせずに複数の画像を使用していると、画像の数だけHTTPリクエストが発生することになり、通信の無駄が多くなります。また、同時リクエスト数の上限により読み込み速度も制限されます。

その対策として1つのファイルにまとめることで、HTTPリクエストの数を削減し、**ページの表示速度の向上**が期待できます。これは、通信が遅く不安定なモバイル環境において、特に有効です。

CSSスプライトの実現方法ですが、background-imageプロパティで複数画像を連結した画像を表示し、width、height で表示範囲を、background-positionで表示位置を調整します。

一例として、高さ30pxのアイコンを縦に並べたicon.png（図3-4-1を参照）を用いたCSSスプライトを使ってみます。アイコン1つ分の高さが30pxなので、2つ目のアイコンを指定する.icon2の箇所では、背景画像をbackground-positionで30px上にずらして表示させています。

3-1

3-2

3-3

3-4

>> 使用例（CSSファイル）

```css
.icon {
  background-image: url(https://path/to/file/icon.png);
  width: 30px;
  height: 30px;
}
.icon1 { /* 1つ目のアイコン */
  background-position: 0 0px;
}
.icon2 { /* 2つ目のアイコン */
  background-position: 0 -30px;
}
```

あとは、対応するHTMLファイルの、アイコンを表示させたい箇所で、クラスにiconとicon1かicon2のどちらかを指定するだけです。

>> 使用例（HTMLファイル）

```html
<div class="icon icon1"></div>
<div class="icon icon2"></div>
```

図3-4-1：

```
icon 1  ──── background-position: 0 0px; で表示される

icon 2  ──── background-position: 0 -30px; で表示される

icon.png（30×60px）
```

3-4 - 2 高解像度画面向け対応

現在はAppleのRetinaディスプレイのように、デバイスとして**物理的**に持っている「**デバイスピクセル**」と、CSSの中で**理論的**に解釈される「**CSSピクセル**」が異なるデバイスが登場しています。このようなデバイス登場以前は、デバイスピクセルとCSSピクセルの数は同じで、ピクセルとして1つで考えればよかったのですが、現在はこの2つのピクセルを意識する必要が出てきています。例として、従来のディスプレイとRetinaディスプレイにおける2つのピクセルのイメージを図3-4-2に示します。

図 **3-4-2**：デバイスピクセルとCSSピクセル

図3-4-2のRetinaディスプレイでは、**4デバイスピクセルが1CSSピクセル**として扱われます。デバイスピクセルにのみ従って画面を作成すると、今までの半分の大きさで表示されてしまうため、かなり見づらいものになってしまいます。そこで、表示時にはデバイスピクセルとCSSピクセルの比率を使用して表示することで、違和感のないようにしています。

たとえば、CSSでwidth：2pxのものは4デバイスピクセル幅で描画します。本書では、このデバイスピクセルとCSSピクセルの比率を「ピクセル密度」と表記しています。図3-4-2の従来のディスプレイはピクセル密度が1、Retinaディスプレイはピクセル密度が2となります。

ピクセル密度が2以上のディスプレイで表示する場合、画像はデバイスピクセルに合わせて単純に拡大することになるので、ぼやけた表示になってしまいます。この問題を回避する手法として次のようなものがあります。

この問題を回避する手法として次のようなものがあります。

▶ 大きなサイズの画像を使用

HTMLで画像を表示させる際に、大きいサイズの画像を用意し、img要素のwidth / height属性に実際に表示させたいサイズを指定することで、高解像度の画像を表示させることが可能です。

たとえば、横100px×縦100pxの画像をピクセル密度2のディスプレイで表示させる場合には、縦横ともに2倍のサイズである横200px×縦200pxの倍解像度の画像ファイル（ここでは仮にimage-x2.pngとします）を用意します。それを使い、img要素のwidth / height属性にはそれぞれ100pxを指定します。

≫ 使用例

```
<img src="image-x2.png" width="100px" height="100px">
```

3-1

3-2

3-3

3-4

▶ メディアクエリを使用

解像度別の画像をbackground-imageで表示するCSSを用意し、それらをメディアクエリ
（p.230）で切り替えることで、表示先が高解像度画面の場合は高解像度の画像を表示させ
ることが可能です。

たとえば、img.pngの画像を使っているところに、「ピクセル密度が2以上ののデバイスに
対しては、倍サイズの画像であるimg-2x.pngを使用する」という場合は、以下のように
します。

>> 使用例

```
.img { background-image: url(path/to/img.png); }
@media (-webkit-min-device-pixel-ratio: 2), (min-resolution: 2dppx) {
  .img { background-image: url(path/to/img-2x.png); }
}
```

メディアクエリの条件として**-webkit-min-device-pixel-ratio**と**min-resolution**を
使用しています。前者はメディアクエリの仕様にはなくWebKitの独自仕様なのですが、
ピクセル密度を指定するもので、多くのブラウザが対応しています。後者は前述のとおり
メディアクエリの仕様に含まれていますが、Safariが未対応のため、現状は両方を表記し
ておくのがよいでしょう。

▼ 補足説明

指定の冒頭に付いている「-webkit-」は、「ベンダープレフィックス」と呼ばれるもので、ブ
ラウザが独自の拡張機能を実装する場合や、草案段階の仕様を先行実装する場合などに付
けられます。ベンダープレフィックスは、ブラウザごとに異なります。

表3-4-1：ブラウザとベンダープレフィックス

ブラウザ	ベンダープレフィックス
Google Chrome、Safari、Opera、Microsoft Edge	-webkit-
Firefox	-moz-
Internet Explorer、Microsoft Edgeレガシー版	-ms-

▼ 補足説明

Webkitは、Google ChromeやSafari、Operaで採用されている、もしくは以前採用されて
いたレンダリングエンジンの名称です。

▶ SVGやWebフォントを使用

画像がアイコンである場合は、アイコンにSVG（p.252）のやWebフォント（p.179）を使うことで、拡大によりぼやける問題は発生しなくなります。

▶ JavaScriptライブラリを使用

解像度の比率に応じて画像を入れ替えるJavaScriptライブラリがあるため、それを利用します。ここではその紹介を含め、詳細は割愛します。

また、この解像度別の画像使い分け問題を解決するために、HTML 5.1より、img要素（p.082）とsource要素（p.086）に、デバイス特性に応じて読み込む画像を切り替える機能を持ったsrcset属性が追加されました。

3-4 - 3 ホーム画面ショートカットアイコン

AndroidやiOSでは、Webサイトへアクセスするショートカットをネイティブアプリケーションのようにホーム画面へ配置することができます。この際のアイコンは、HTMLのlink要素で**rel属性にapple-touch-icon**を指定することで設定することができます。

≫ 使用例

```
<link rel="apple-touch-icon" href="path/to/file/img.png">
```

なお、画像は自動的に適切なサイズへ縮小されるため、高解像度向け（Retinaは114px正方形）のものを用意しておくのがよいでしょう。

また、画像には、OSによって自動的にハイライトや影が付くことがありますが、これを避けたい場合にはrel属性に**apple-touch-icon-precomposed**を指定します。

図3-4-3：「ホームに追加」画面

図3-4-4：
ホーム画面に配置されたアイコン

3-1

3-2

3-3

3-4

3-4 - 4 スタンドアローンモード

iOS限定ですが、Webサイトをフルスクリーン表示し、アドレスバーやツールバーを消してネイティブアプリケーションのように表示させる**スタンドアローンモード**を使用することができます。使用方法ですが、**meta要素でname="apple-mobile-web-app-capable" content="yes"**と指定するだけです。次に例を示します。

≫ 使用例

```
<meta name="apple-mobile-web-app-capable" content="yes">
```

図3-4-5：通常のWebサイト

図3-4-6：スタンドアローンモードのWebサイト

✓ 補足説明

スタンドアローンモードですが、ページ遷移を行うと通常の表示に戻ってしまうので注意が必要です。これを回避するためにはページ内リンクに留めるか、JavaScriptを用いる必要があります。

3-4 - 5 a要素での電話発信

電話機能を持つデバイス向けに、a要素で電話を発信するように設定できます。方法は、href要素の値をtel：電話番号とするだけです。次に例を示します。

≫ 使用例

```
<a href="tel:0000000000">電話は000-000-0000まで</a>
```

3-4 - **6** async属性/defer属性

script要素でJavaScriptを読み込む場合、通常は**HTMLのパース処理（読み込んだHTMLの構文を解析する処理）**を一旦中断して読み込みを開始し、読み込み終了後にHTMLパース処理を再開します。そのため、HTMLパース処理の待ちが生じてしまいます。通信が遅くて不安定なモバイル環境では、この影響は大きくなります。この状況を解消することを目的として、async属性、defer属性が登場しました。

▶ async属性

script要素に**async属性**を付加すると、パース処理を中断することなく非同期にスクリプトを読み込みます。そして、**スクリプト読み込み終了後**に、処理が実行されます。

≫ 使用例

```
<script src="a.js" async></script>
```

▶ defer属性

script要素に**defer属性**を付加すると、async属性と同様にパース処理を中断することなく非同期にスクリプトを読み込みます。ただし、読み込んだスクリプトの処理は、**ページ読み込み完了後**となります。

≫ 使用例

```
<script src="d.js" defer></script>
```

図3-4-7：async属性とdefer属性の違い

練 習 問 題

01　**レスポンシブWebデザインの説明で正しいものをすべて選びなさい。**

A．デバイスの特性に応じて画面を切り替えるためにJavaScriptの利用が必須である

B．複数のHTMLをデバイスの特性に応じて選択して表示する

C．1つのHTMLでデバイスの特性に応じてCSSを切り替えることでレイアウトやデザインを変更する

D．画面サイズさえ合えば、現在存在しないデバイスにも対応可能となる

E．URLが同じとなるためSEO的に有利となる可能性がある

02　**メディアクエリを利用する場合に指定できないメディア型を1つ選びなさい。**

A．all

B．audio

C．screen

D．tv

E．print

03　**レスポンシブWebデザインに必要な技術でないものをすべて選びなさい。**

A．Media Queries

B．Fluid Grid

C．Fluid Image

D．ビューポート

E．Fluid Box

04　**ビューポートの説明で正しいものをすべて選びなさい。**

A．link要素を使って設定を行う

B．ビューポートの表示倍率の初期値はinitial-scaleプロパティで設定する

C．ブラウザの表示領域のことである

D．ビューポートを意識しないとコンテンツの表示が崩れることがある

E．デバイス画面の横幅とビューポートの横幅を同じにするには、「content="width=width"」を指定する

05 メディアクエリの書き方で正しくないものを選びなさい。

A, @media (max-width: 480px) {
        color: #f00;
    }

B, @media (min-width: 180px) and (max-width: 480px){
        color: #f00;
    }

C, @media screen and (orientation: portrait) {
        color: #f00;
    }

D, @media screen nor (max-width: 480px) {
        color: #f00;
    }

E, @media screen and (max-width: 480px) {
        color: #f00;
    }

06 「可変グリッド」と「可変イメージ」について、正しいものをすべて選びなさい。

A. 「可変イメージ」は、画像幅をウィンドウ幅に合わせて変更する手法である

B. 画像を「可変イメージ」にするには「max-device-width: 100%;」と指定する

C. 「可変グリッド」は、ウィンドウ幅に合わせてコンテンツ幅を変更する手法である

D. 「可変グリッド」でコンテンツ幅を変更するには幅を相対値で指定する

E. 「可変グリッド」でコンテンツ幅を変更する際、JavaScriptは推奨されない

07 ピクセル密度が2の説明で正しいものをすべて選びなさい。

A. 2デバイスピクセルが1CSSピクセルとして扱われる

B. 表示したいサイズに対し、縦横ともに2倍サイズの画像を使用すれば、ぼやけた表示を回避できる

C. ピクセル密度をメディア条件に使用して画像を切り替えることができる

D. SVG画像はぼやけた表示にならない

E. img要素のsrcset属性でピクセル密度ごとに画像を切り替えることができる

練習問題

08 **CSSスプライトについて、正しいものをすべて選びなさい。**

A． Webサイトのセキュリティを確保する手法である

B． 使用することでページの表示速度の向上が見込める

C． 複数の画像ファイルを自動的に作成する手法である

D． 画像ファイルの表示位置を調整するには`background-position`プロパティを使う

E． 画像ファイルの表示位置を調整するには`background-size`プロパティを使う

09 **リセットCSSの説明で正しいものをすべて選びなさい。**

A． 各WebブラウザのデフォルトCSSの差異を揃えるために利用する

B． リセットCSS専用のプロパティが存在する

C． リセットCSSはJavaScriptの定義も初期化する

D． リセットCSSにメディアクエリの定義を含まなければならない

E． 各WebブラウザのデフォルトCSSとして利用する

10 **Retinaディスプレイ向けの設定として、正しいものをすべて選びなさい。**

A． 4デバイスピクセルが1CSSピクセルとして扱われる

B． 横10px×縦10pxの画像として表示させたい場合、横40px×縦40pxの画像を用意する

C． 表示させたい画像がアイコンである場合、SVGファイルを使用して対応する方法もある

D． メディアクエリでRetinaディスプレイに対応する場合は、「`-webkit-min-device-pixel-ratio: 2`」を条件に指定できる

E． Retinaディスプレイ用の画像を1つ用意すれば、通常のディスプレイの表示は自動的に最適化される

11 **async属性、defer属性について、正しいものをすべて選びなさい。**

A． `async`属性を付加すると、非同期にJavaScriptを読み込む

B． `defer`属性を付加すると、JavaScriptの実行は、ページの読み込み完了後になる

C． `async`属性は、`<script src="a.js" async>`のように使用する

D． `async`属性は、`<link src="a.js" async>`のように使用する

E． `defer`属性を付加すると、一旦HTMLのパース処理を中断する

練習問題の答え

01の答え　C、D、E » `3-1`-`1` で解説

一般的にCSSメディアクエリを用いてCSSを切り替えます。JavaScriptは必ずしも必要ではありません。よってA、Bは誤りです。

02の答え　B » `3-2`-`2` で解説

メディア型としてaudioは存在しません。

03の答え　E » `3-1`-`3` で解説

一般的にFluid Boxと呼ばれる技術および手法は存在しません。

04の答え　B、C、D » `3-3`-`3` で解説

ビューポートは、meta要素で設定します。また、デバイス画面の横幅とビューポートの横幅を同じにするには、「content="width=device-width"」を指定します。
よって、AとEは誤りです。

05の答え　D » `3-2`-`1` で解説

メディアクエリの構文では、norという単語は使えません。

06の答え　A、C、D » `3-3`-`1`、`3-3`-`2` で解説

画像を「可変イメージ」にするには「max-width: 100%;」と指定します。
また「可変グリッド」でコンテンツ幅を変更するには、JavaScriptライブラリを使う方法もあります。

07の答え　B、C、D、E » `3-4`-`2` で解説

ピクセル密度が2の場合、4デバイスピクセルが1CSSピクセルとして扱われます。

08の答え　B、D » `3-4`-`1` で解説

CSSスプライトは、複数の画像を1ファイルにまとめ、CSSで表示範囲を指定する手法です。Webページのセキュリティを高める効果はありません。また画像ファイルの表示位置は、background-positionプロパティを使います。よって、A、C、Eは誤りです。

09の答え　A » `3-3`-`4` で解説

リセットCSSはブラウザのデフォルトCSSの差異をなくすためのものです。

3-1

3-2

3-3

3-4

練 習 問 題 の 答 え ─────────────────────────■

10の答え　A、C、D　≫ 3-4 - 2 で解説

横10px×縦10pxの画像として表示させたい場合、横20px×縦20pxの画像を用意します。また、Retinaディスプレイ用の画像と通常ディスプレイ用の画像は通常別々に用意し、メディアクエリなどで表示を切り分けます。

11の答え　A、B、C　≫ 3-4 - 6 で解説

async属性、defer属性ともに、付与すると、HTMLのパース処理を中断することなくJavaScriptを読み込みます。またどちらもscript要素の属性として設定します。

API概要

4-1 マルチメディアグラフィックスAPI

ここが重要！

▷ audio要素、video要素で埋め込んだマルチメディアコンテンツの再生を、JavaScriptで制御できる

▷ Canvas（2D）はJavaScriptでビットマップ形式の画像を描画する

▷ SVGはHTMLにインライン記述可能なベクター形式の画像フォーマット

4-1 - 1 マルチメディア

HTML5で追加されたaudio要素（p.090）とvideo要素（p.088）により、簡単にマルチメディアコンテンツを埋め込むことが可能になりました。この埋め込んだマルチメディアコンテンツを、**JavaScriptを使って制御**することができます。次の例のようにプレイヤーのデザインを変更したり、より細かな情報を表示させたりするのに使われます。

図4-1-1：独自プレイヤーの例

0.00/30.14　再生　停止　再読込

JavaScriptで実行可能な操作を以下に示します。

■ コンテンツの再読み込み
■ 再生開始
■ 再生中断

以下のようなデータを取得し、利用することができます。

- コンテンツが再生・早送り等可能な状態か
- ネットワークの状態
- エラー情報
- コンテンツの場所
- コンテンツの長さ
- 音量
- トラック情報

4-1 - **2** ストリーミング

▶ ストリーミングを実現する技術

モバイルデバイスやPC等、様々なネットワーク環境を対象に、動画をストリーミング再生させるサービスが増えています。特にモバイルデバイスにおいては、その通信状況も刻々と変化します。そのような通信状況に合わせて、適切なビットレートの動画を選択し、スムーズなストリーミング再生を実現する技術を**Adaptive Streaming技術**と呼びます。

代表的なAdaptive Streaming技術の1つである**HLS（HTTP Live Streaming）**は、米アップル社が開発した、動画をストリーミング配信するためのプロトコルです。**HTTPベース**で、特別なストリーミングサーバを使わず、通常のWebサーバから配信することが可能です。HTTPSを使った暗号化や認証にも対応しています。

もう1つの代表的なAdaptive Streaming技術である**MPEG-DASH**は、米アドビ社や米マイクロソフト社などにより開発されました。DASHはDynamic Adaptive Streaming over HTTPの略で、HLSと同様にHTTPプロトコルを利用しています。そのため、通常のWebサーバから配信することが可能です。MPEG-DASHは2012年にISOにて**標準化**されました。

▶ ストリーミング配信のためのJavaScript API

JavaScriptのAPIもストリーミングに対応したものが用意されています。**Media Source Extensions**はHLSやMPEG-DASHのように、HTTPでストリーミング配信されるコンテンツを再生するために作られたAPIです。Media Source Extensionsを利用すると、video要素で、ストリーミング配信されるコンテンツを再生することができます。

Adaptive Streaming技術にも対応しているので、再生途中で動画のビットレートを変更することも可能です。

もう1つ、動画配信に重要なものに**DRM**（Digital Rights Management、デジタル著作権管理）があります。**Encrypted Media Extensions**は、暗号で保護されたストリーミングコンテンツを再生する際に使用します。

Media Source ExtensionsとEncrypted Media Extensionsを組み合わせることで、DRMで保護されたストリーミングコンテンツを、Webブラウザ上で再生することができます。

4-1 - 3 グラフィックス

HTML4まではJPEGやPNGなどの画像ファイルを別途用意して画像を表示していました。また、画像を動的に変更するにはFlashなどのプラグインが必要でした。HTML5以降では、それらをJavaScriptで実現できるようになっています。

Canvasは、**JavaScriptを使って画像を描画するための仕様**です。Canvasは画像を**ビットマップ形式**で描画します。ビットマップ形式のため、拡大・縮小すると画像が粗くなります。また、描画した画像を変更するには、全体を書き直す必要があります。
Canvasを利用する際の流れは以下です。

1. HTMLにcanvas要素を用意する
2. JavaScriptでcanvas要素を参照し、描画用のContextオブジェクトを取得する
3. JavaScriptを使って描画する

以下のような描画操作が可能です。

■線を書く
■円、四角を書く
■色を塗る
■テキストを書く
■画像ファイルを読み込む
■拡大・縮小・回転する

また、ベクター形式の画像である**SVG**（Scalable Vector Graphics）を、HTMLに直接記述するインラインSVGが利用できるようになりました。SVGは**ベクター形式**のため、拡大・

縮小・回転といった変形をしても、**画像が粗くならない**という特徴があります。
SVGでは、**XML形式**で画像を作成します。以下のような要素があります。

- 円を作成するcircle
- 楕円を作成するellipse
- 線を作成するline
- 四角形を作成するrect
- パスを定義するpath

色やサイズといった情報は属性として記述します。以下はSVGで円を記述した例です。

≫ 使用例（html）

```
<svg width="640" height="320">
  <circle cx="320" cy="160" r="150" stroke="black" fill="gray" />
</svg>
```

図4-1-2：描画されるSVG

4-1

4-2

4-3

4-4

4-2 デバイスアクセスAPI

ここが重要!

▶ **Geolocation APIではユーザーの位置情報、精度、方角、速度などを取得できる**

▶ **Device Orientaton Eventでユーザーが利用するデバイスの傾き、方角、加速度、回転速度などを取得できる**

▶ **イベントで扱える入力デバイスにタッチ、ペン、マウスがある**

4-2 - 1 Geolocation API

Geolocation APIは**ユーザーの位置情報**を扱うためのAPIです。たとえば地図で現在位置を取得したり、その場所に行ったことを知らせる**チェックイン**のような機能で使われます。

Geolocation APIでは、無線LAN、WiFi、携帯電話基地局、GPS、IPアドレスといった複数のソースから位置情報を取得します。そのため、ユーザーの環境によって取得できる情報の精度や取得時間に違いが出てきます。

また、Geolocation APIでは、ユーザーの許可がないと位置情報を取得することができません。位置情報を取得する際には、ブラウザは位置情報の利用を許可するかどうかをユーザーに確認するダイアログを表示するようになっています。

図4-2-1：位置情報取得確認ダイアログ

Geolocation APIで取得できる位置関連情報は以下です。

■ 緯度
■ 経度
■ 高度
■ 緯度・経度の精度
■ 高度の精度
■ 方角
■ 速度

Geolocaiton APIは現在、一般的なWebブラウザでもサポートされています。
Geolocation APIを利用することで、PCのようなGPS情報を取得できない端末にも、位置情報を利用したコンテンツを提供することが可能です。

4-2 - 2 DeviceOrientation Event

DeviceOrientation Eventは、**デバイスの方角や傾きが変化した時に発生するイベント**です。イベントから、以下の情報を取得できるようになっています。

■ デバイスの頭が指す方角
■ デバイスの上下方向の傾き
■ デバイスの左右方向の傾き

コンパスアプリなど、デバイスの方角や向きに合わせて表示内容を変更するものに使います。

4-2 - 3 Touch Events

Touch Eventsは、タッチパネルなどの画面を触るなど、**画面を指で操作している間に、その状態が変化すると発生するイベント**です。マウス関連のイベントとは異なり、複数同時発生するタッチをサポートしています。イベントには以下があります。

■ 画面をタッチ
■ 画面をタッチしたまま動かす
■ 画面から離す
■ 画面タッチへの割り込み

スマートフォンなどで、アプリケーション固有のタッチ操作を利用したい時に使用します。

4-2 - 4 Pointer Events

Pointer Eventsは、マウス・ペン・タッチパネルといったさまざまなデバイスを、ポインタと呼ばれる、マウスをモデルとした**抽象デバイス**として統一的に扱えるようにするものです。以下のイベントをサポートしています。

- ポインタが対象の要素に乗る
- ポインタが対象の要素から離れる
- ポインタが動作状態になる（ボタンが押される）
- ポインタの非動作状態になる（ボタンが離される）
- ポインタの状態が変化する（ポインタが動く）
- ポインタ操作を中断させるイベントが発生
- ポインタのキャプチャ開始
- ポインタのキャプチャ終了

Pointer Eventsを利用することで、複数デバイスからの利用を前提としたアプリケーション開発の効率化が期待できます。

4-2 - 5 DOM3 Events（UI Events）

DOM3 Events（UI Events）は、マウスやキーボードなどの入力操作を取り扱うためのイベントです。イベントには以下があります。

表4-2-1：DOM3 Events（UI Events）

イベントの種類	概要	イベント例
UIイベント	UIやHTML文書の操作に関するイベント	文書および関連リソースの読み込みを完了
フォーカスイベント	フォーカスの状態変化に関連するイベント	フォーカスを受け取る直前
マウスイベント	マウス操作に関連するイベント	マウスのボタンクリック
ホイールイベント	マウス等ホイール装置の操作に関するイベント	ホイールを回転
入力イベント	キーボード等の入力による文章更新に関するイベント	文章が更新された直後
キーボードイベント	キーボードの操作に関するイベント	キーボードを押す
間接的テキスト入力イベント	日本語入力時などに使用するIMEの操作に関するイベント	IMEで入力開始

4-2 - 6 Generic Sensor API

デバイスのセンサーにアクセスするAPIをいくつか紹介しましたが、それらは別々に提供されており、値を取得する方法もバラバラでした。Generic Sensor APIは、そういったセンサーにアクセスする方法を統一的にする汎用APIです。

Generic Sensor APIの登場により、各種センサーAPI化の加速と、センサーを利用する開発者の負担減となることが期待できます。

Generic Sensor APIで想定されている代表的なセンサーを次に示します。

- 環境光センサー
- 近接センサー
- 磁気センサー
- 加速度センサー
- 線形加速度（重力の影響を除いた加速度）センサー
- ジャイロスコープ
- 絶対方位センサー
- 相対方位（起動した時点を基準とする）センサー
- 重力センサー

4-3 オフラインストレージAPI

ここが重要!

▶ **Web Storage**や**Indexed Database**を用いて、ブラウザにデータを保存できる

▶ **Web Worker**を用いて、JavaScriptで並列処理を行える

▶ **Service Workers**の**Push API**と**fetch**を組み合わせ、ブラウザでプッシュ通知およびメッセージ本体を受信できる

4-3 - 1 Web Storage

Web Storageは、**キーと値の組み合わせ**でブラウザにデータを蓄積し、利用するAPIです。Cookieと比較すると大容量のデータを扱うことができます。ブラウザに蓄積したデータを利用することで、アプリケーションのオフライン利用や通信量削減による**高速化**が期待できます。

利用イメージですが、たとえばキーが「name」、値に「鈴木」の組み合わせでデータを保存していたとすると、キーの「name」を指定するだけで、対応する値の「鈴木」を取り出すことができます。

Web Storageには**セッションストレージ**と**ローカルストレージ**の2種類があります。セッションストレージはウィンドウまたはタブが閉じられるとともにデータが消失します。一方ローカルストレージは、ウィンドウやタブを閉じてもデータが消えず、次にページを参照した時にもそのデータを利用することができます。

4-3 - 2 Indexed Database API

Indexed Database APIは、Web Storageと同様、キーと値のペアで**JavaScriptのオブジェクト**を蓄積し、利用するAPIです。一般的なリレーショナルデータベースにおける、**インデックス**や**トランザクション**を利用できることが特徴です。

ここでの**トランザクション**とは**データベースの一連の処理**のことです。一連の処理の開始と終了を宣言することで、複数のトランザクションを並行処理させたり、処理の途中でエラーが発生しても、処理の開始時に戻すことが可能になります。

このようにIndexed Database APIは一般的なリレーショナルデータベースと同様に扱えるため、大量のデータを扱うオフライン利用可能なアプリケーションのデータベースとして利用されます。

4-3 - 3 Web Workers

Web Workerは、ブラウザでのスクリプト処理を**バックグラウンドで実行する**ためのものです。ブラウザのJavaScriptはシングルスレッドだったため、長時間かかる処理を実行すると、その終了までユーザインタフェースの処理などがブロックされていました。Web Workerで独立したスレッドを利用することで、ユーザインタフェースの処理などに影響を与えることなく、**大量の処理**を行うことができます。

Web WorkerではWorkerと呼ばれるものを独立したスレッドとして生成し、並列でスクリプトを実行させます。JavaScriptは、そのWorkerとメッセージをやりとりすることで、Workerの開始、終了といった制御を行います。

4-3 - 4 Service Workers

Service Workerは、**Webページとは別に**バックグラウンドでスクリプトを実行することができる環境です。Service Workerを利用することで、リソースをキャッシュして**オフライン**でも利用可能にしたり、プッシュ通知やバックグラウンドでの同期など、Webページやユーザの操作を必要としない機能を提供することができます。これらの機能は、ネイティブアプリケーションのように動作するアプリケーションを作る上で欠かせないものです。
Web Workerが**Webページの内部**で動作するのに対し、Service Workerは**Webページと別に**動作し、ライフサイクルも異なります。例えば、オフライン状態であったり、Webページを開いていたタブが閉じられても、Service Workerは必要に応じて動作します。

Service Workerはあくまで実行環境なので、後述するPush APIやfetchなどを組み合わせて、バックグラウンドでプッシュ通知を受信したり、メッセージ本体を受信したりといったことが可能になります。

4-3 - 5 Push API

Push APIは、アプリケーションが**サーバからのプッシュ通知を受信できるようにします。**
Service Workerと組み合わせることで、アプリケーションが動作しているかどうかに関
わらず受信することができます。

Push APIはあくまで**プッシュ通知を受信するだけ**なので、プッシュ通知の表示やメッセー
ジ本体の受信などは別途実施する必要があります。なお、メッセージ本体の受信は後述す
るfetchで行います。

4-3 - 6 Fetch API

Fetch APIは、**指定したリソースを取得する**際に使用します。後述するXMLHttpRequest
もリソースを取得するものですが、**Service Worker上では、Fetch APIを使う必要が
あります。** 前述したように、プッシュ通知を受けた際のメッセージ本体受信には、Fetch
APIを利用しなければいけません。
Fetch APIは、Service Worker以外でも、後述するXMLHttpRequestの代わりに使うこ
とができます。

4-4 通信系API

ここが重要!

▶ **XMLHttpRequestでHTTP通信を実現**

▶ **Server-sent EventsやWebSocketでサーバからの情報送信を可能に**

▶ **WebRTCでビデオチャットのようなブラウザ間リアルタイムコミュニケーションを実現**

4-4 - **1** XMLHttpRequest（XHR）／Fetch API

XMLHttpRequestは、**JavaScriptでのHTTP通信**を実現するAPIです。現在表示しているページから画面遷移を伴わずHTTP通信を行い、各種データを取得することができます。地図アプリケーションなどで用いられる**Ajax（Asynchronous JavaScript + XML）**（p.282）では、このXMLHttpRequestを用いて画面遷移を伴わないページ更新を実現しています。

XMLHttpRequestにはLevel1とLevel2が存在します。基本的な機能は同じですが、大きな違いとして、Level2では、異なるドメインの間でやりとりするクロスドメイン間通信が行えるようになっています。

同様にHTTP通信を実現するAPIとして、Fetch API（p.260参照）が登場しています。実現できることはXMLHttpRequestとほぼ同じですが、近年のJavaScript仕様と親和性が高く、シンプルで使いやすいAPIとなっています。

4-4 - **2** WebSocket API

WebSocket APIは、JavaScriptでの**WebSocketプロトコル通信**を実現するAPIです。HTTPはブラウザからサーバにリクエストを送信して、そのレスポンスが返ってくるという通信のみでした。WebSocketプロトコルとは、ブラウザとサーバ、どちらからもデータを送信可能な双方向通信を実現するための仕様です。WebSocketを用いることで、

チャットのような**双方向通信が頻繁に発生するアプリケーション**を容易に作ることができます。

WebSocketを用いた通信の概要ですが、一度サーバとブラウザとの間でHTTP（p.268）を行い、WebSocketでの接続を確立します。その後は、その確立した接続を利用して、双方向通信を行います。

4-4 - 3 Server-Sent Events

Server-Sent Eventsは、**サーバからのプッシュ送信**を実現するAPIです。

通常のHTTPでは前述したようにクライアントからサーバにリクエストを送信し、そのレスポンスが返ってくると通信は終了です。サーバからのデータを受け取るには、こちらからリクエストを送信する必要がありました。Server-Sent Eventsでは、サーバからレスポンスを受け取っても通信を終了させず、**接続を維持**します。サーバはその接続を利用して、メッセージを継続的に送信します。ただし、**サーバからしかデータを送信することができません。**

Server-Sent Eventsは**HTTP**を利用するため、HTTPしか使えない環境でプッシュ通知を実現したいときに有効です。

4-4 - 4 WebRTC

WebRTC（Web Real-Time Communication）は、ブラウザで**リアルタイムコミュニケーション**を実現するための仕組みです。WebRTCを使うことで、ブラウザ間のビデオチャットやボイスチャット、会議システムなどが実現可能です。

具体的には、WebRTCで以下のようなことが実現できます。

■端末に接続されたカメラやマイクを利用して画像や音声を取り込む
■取り込んだカメラやマイクのデータをP2P通信で送受信する
■テキストやバイナリなどのデータをP2P通信で送受信する

01 audio要素とvideo要素によって取得できるデータをすべて選びなさい。

- A．コンテンツが再生可能な状態か
- B．コンテンツが録画できる状態か
- C．コンテンツが何回閲覧されたか
- D．どの程度の音量か
- E．コンテンツがどのくらいの長さか

02 デバイスの方角や傾きが変化した時に発生するイベントを選びなさい。

- A．Touch Events
- B．Pointer Events
- C．DeviceOrientation Event
- D．UI Event
- E．Wheel Event

03 HTMLとJavaScriptで描画するグラフィックスについて、正しいものをすべて選びなさい。

- A．動くグラフィックスを描画できる
- B．HTMLのcanvas要素を利用する
- C．2Dグラフィックスを利用できる
- D．canvas要素を利用すると、拡大・縮小しても粗くならない画像が描画できる
- E．SVGを利用すると、拡大・縮小しても粗くならない画像が描画できる

04 DOM3 Eventsとして定義されているイベントをすべて選びなさい。

- A．キーボード等の入力による文章更新に関するイベント
- B．フォーカスの状態変化に関連するイベント
- C．マウス等ホイール装置の操作に関するイベント
- D．USB接続機器の操作に関するイベント
- E．UIやHTML文書の操作に関するイベント

練 習 問 題

05 ブラウザにデータを保存するAPIの説明として、正しいものをすべて選びなさい。

A． Web Storageは、キーと値の組み合わせでブラウザにデータを蓄積する

B． Indexed Database APIは、キーと値の組み合わせでブラウザにデータを蓄積する

C． Web Storageのローカルストレージを使うと、ウィンドウやタブを閉じてもデータは消失しない

D． Web Storageのセッションストレージを使うと、ウィンドウやタブを閉じてもデータは消失しない

E． Indexed Database APIを使うと、インデックスやトランザクション処理ができる

06 Generic Sensor APIについての説明として正しいものをすべて選びなさい。

A． 各種センサーにアクセスするAPIの総称である

B． 環境光センサーの利用経験を磁気センサー利用に活かすことができる

C． API作成側へのメリットが期待できる

D． API利用側へのメリットが期待できる

E． ジャイロスコープの利用も想定されている

07 プッシュ通信を実現するための技術や手法について、正しいものをすべて選びなさい。

A． Push APIを使うと、アプリケーションがサーバからのプッシュ通知を受信できるようにできる

B． Push APIを使うと、プッシュ通知の表示もできる

C． プッシュ通知のメッセージ本体の受信にはFetch APIを使う

D． Server-Sent Eventsは、サーバからのプッシュ送信を可能にするAPIである

E． Server-Sent EventsはWebSocketでの接続を利用する

08 Service Workersの機能として、正しいものをすべて選びなさい。

A． リソースをキャッシュしてオフラインでも利用可能にする

B． バックグラウンドでスクリプトを実行することができる

C． ユーザーの操作に応じて処理を行う

D． Webページが閉じても動作は終了しない

E． 他のAPIと組み合わせて使うことはできない

練 習 問 題 の 答 え

01の答え　A、D、E » **4-1**-**1** で解説

audio要素やvideo要素では、コンテンツが録画できる状態かは確認できません。また、何回閲覧されたかも確認できません。

02の答え　C » **4-2**-**2** で解説

デバイスの方角や傾きが変化した時に発生するイベントはDeviceOrientation Eventです。

03の答え　A、B、C、E » **4-1**-**3** で解説

canvas要素を利用して描画できるグラフィックはビットマップ画像なので、拡大・縮小すると粗くなります。

04の答え　A、B、C、E » **4-2**-**5** で解説

DOM3 Eventsでは、USB接続機器の操作に関するイベントは定義されていません。

05の答え　A、B、C、E » **4-3**-**1**、**4-3**-**2** で解説

Indexed Database APIは、JavaScriptのオブジェクトをブラウザに蓄積して利用することができます。また、Web Storageのセッションストレージは、ウィンドウやタブを閉じるとデータが消失します。

06の答え　B、C、D、E » **4-2**-**6** で解説

Generic Sensor APIは、各種センサーへアクセスする方法を統一的にした汎用APIであり、各種APIの総称ではありません。

07の答え　A、C、D » **4-3**-**5**、**4-3**-**6**、**4-4**-**3** で解説

Push APIではプッシュ通知の表示やメッセージ本体の受信はできず、別途Fetch APIを使う必要があります。
Server-Sent Eventsは、プロトコルとしてHTTPを利用します。

08の答え　A、B、D » **4-3**-**4** ～ **4-4**-**1** で解説

Service Workerは、ユーザーの操作を必要としない機能を提供できます。Push APIやFetch APIなど、他のAPIと組み合わせて機能を実装することも可能です。

4-1

4-2

4-3

4-4

Web関連の規格と技術

5-1 HTTP・HTTPSプロトコル

ここが重要！

▶ **HTTPには新しいバージョンとしてHTTP/2が登場し、TCP接続を共有しリクエストを多重化するなど効率化を図っている**

▶ **HTTPのリクエストメッセージで利用可能なメソッドには、GET、POSTなど8種類ある**

▶ **HTTPのレスポンスメッセージには、レスポンスの状態を3桁の数字で表したステータスコードが含まれる**

5-1 - 1 HTTPプロトコル

HTTP（HyperText Transfer Protocol）とは、HTMLや画像などの表示を提供するサーバ（Webサーバと呼ばれます）とWebブラウザに代表されるクライアント間でHTML文書などのテキストメッセージを受け渡すためのプロトコルです。

HTTPでの通信は図5-1-1のように、**リクエストメッセージ**を送信して**レスポンスメッセージ**を受信するというシンプルなものとなっています。

図5-1-1：HTTP通信

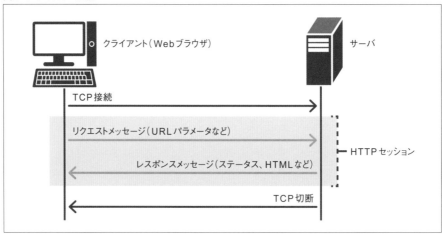

> **∨ 補足説明**
>
> 現行バージョンのHTTPはHTTP/1.1であり、RFC2616で標準化されたものです。
>   ➡ https://www.ietf.org/rfc/rfc2616.txt
> 新しいバージョンのHTTP/2.0は2015年2月にIETFで新しい仕様として承認され、RFCと
> なりました。

5-1 - **2** HTTPSプロトコル

セキュリティを確保した通信路上でHTTP通信をすることを**HTTPS**と呼びます。セキュリティの確保には、データを暗号化して送受信するプロトコルである**TLSプロトコル**（または**SSLプロトコル**）を使用します。

HTTPSでの通信は以下の図のように、まずSSL/TLSセッションを確立し、その後に前述のHTTPセッションを行います。

図5-1-2：HTTPS通信

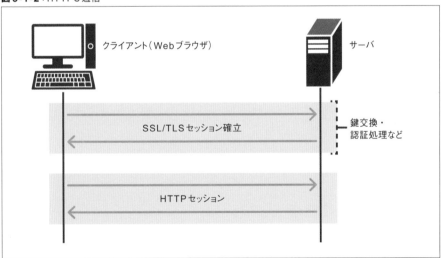

> **∨ 補足説明**
>
> HTTPSは広く利用されている技術ですが、HTTPSを規定したRFCは存在しません。一方、
> TLSの最新バージョンであるTLS1.2はRFC5246で標準化されています。
>   ➡ https://www.ietf.org/rfc/rfc5246.txt

> **▼ 補足説明**
>
> TLS（Transport Layer Security）とSSL（Secure Sockets Layer）は、どちらもインターネット上でデータを暗号化して送受信できるプロトコルです。TLSはSSLをベースにしており、前述のようにIETFで標準化されています。大枠では同じような仕組みですが、正確には互換性がなく、大抵のWebブラウザではTLS/SSL双方に対応しています。
> SSLの名称が広く認知されているため、TLSも含めてSSLと呼ぶ場合もあります。

5-1 - 3 HTTPのメッセージ構造

HTTPのメッセージ構造を図5-1-3に示します。メッセージは、**開始行、0行以上のヘッダフィールド、CRLFの改行、メッセージボディ**から成ります。さらに、開始行とヘッダフィールドにおける各ヘッダの最後には、区切りのために**CRLFの改行**が入ります。つまり、ヘッダフィールドとメッセージボディの間には、合わせて2つの改行（空白行1つ）が入ることになります。

図5-1-3：HTTPのメッセージ構造

```
開始行（リクエストライン／ステータスライン）

ヘッダフィールド（0行以上）
    General-header    ◀ 要求と応答いずれにも使えるヘッダ
    Request-header    ◀ 要求の際に追加できるヘッダ
    Response-header   ◀ 応答の際にサーバが追加できるヘッダ
    Entity-header     ◀ エンティティ(メッセージボディ)についての情報を定義するヘッダ

改行（CRLF）

メッセージボディ
```

5-1 - **4** HTTPのリクエストメッセージ

HTTP/1.1で、リクエストメッセージとして指定可能なメソッドは次の表の9種類です。このうち最も利用されるメソッドは**GET**と**POST**です。

表**5-1-1**：HTTPのリクエストメッセージで指定可能なメソッド

メソッド名	説明
GET	リクエストURIで識別されるリソースを取得
HEAD	GETと同等だがヘッダのみを取得
POST	リクエストURIで識別されるリソースの子リソースの作成、リソースへのデータの追加などを要求
PUT	リクエストURIに対してエンティティ(メッセージボディ)に含まれる情報を保存することを要求
OPTIONS	リクエストURIがサポートしているメソッドを取得
DELETE	リクエストURIで識別されるリソースの削除を要求
TRACE	自分宛てにリクエストメッセージを返却するループバック試験に使用
CONNECT	プロキシ動作のトンネル接続への変更(SSLトンネリングなど)のために使用
PATCH	リソースへのデータの更新などを要求

用語解説 > URI(Uniform Resource Identifier)

URI (Uniform Resource Identifier) は、情報やサービス、機器などを指し示すための文字列です。

URIの1つとしてURL (Uniform Resource Locator) があります。URLは、インターネット上におけるウェブページや画像などのリソースの位置を指定するものです。Webブラウザのアドレスバーに表示される「https://example.com/」のような文字列が該当します。

GETを利用したリクエストメッセージを出した例を次の図に示します。メッセージ構造はHTTPのメッセージ構造と同じです。

図**5-1-4**：リクエストメッセージの例

```
GET /任意のパス + クエリストリング HTTP/1.1          開始行 (ステータスライン)

Host:www.xxx.xxx.jp                                ヘッダフィールド
Proxy-Connection:keep-alive
Cache-Control:max-age=0
Accept:text/html,application/xhtml+xml,application/xml;q=0.9,*/*;q=0.8
User-Agent:Mozilla/5.0 (Windows NT 5.1) AppleWebKit/537.36 (KHTML, like Gecko)
_Accept-Encoding:gzip, deflate, sdch
Accept-Language:ja,en-US;q=0.8,en;q=0.6
```

次ページに続く

↵	改行（CRLF）
※POSTメソッドではリクエストパラメータが設定される	メッセージボディ

GETメソッドで**リクエストパラメータ**が指定された場合、リクエストパラメータはリクエストURLに付加されます。「?」以降の文字列が**クエリストリング**や**クエリ文字列**と呼ばれ、リクエストパラメータの内容を表します。リクエストメッセージの開始行にも、クエリストリングが使用されます。次に例を示します。

≫ 使用例

```
GET /index.html?name=John&age=20 HTTP/1.1
```

この場合のクエリストリングは「?name=John&age=20」です。

POSTメソッドでリクエストパラメータが指定された場合は、**メッセージボディ**に付加されます。次に例を示します。

≫ 使用例（メッセージボディ）

```
name=John&age=20
```

5-1 - 5 HTTPのレスポンスメッセージ

HTTPのレスポンスメッセージ例を図5-1-5に示します。メッセージ構造はHTTPのメッセージ構造と同じです。

開始行にはレスポンスの状態を3桁の数字で表す**ステータスコード**が含まれます。ステータスコードは表5-1-2のように分類されます。

表**5-1-2**：ステータスコード

ステータスコード	概要
1xx	Informational（情報提供のコード）
2xx	Success （成功したことを表すコード） 　（例）200 OK

3xx	Redirection（転送に関するコード） （例）301 Moved Permanently、307 Temporary Redirect
4xx	Client Error（クライアントエラーに関するコード） （例）400 Bad Request、404 Not Found
5xx	Server Error（サーバエラーに関するコード） （例）500 Internal Server Error、503 Service Unavailable

図 5-1-5：レスポンスメッセージの例

5-1 - 6 HTTPのヘッダフィールド

ヘッダフィールドには**メッセージの外部情報（メタ情報）を扱うためのHTTPヘッダ**が含まれます。HTTPヘッダとして代表的なものを次の表に示します。

表 5-1-3a：代表的な HTTP ヘッダ（1）

ヘッダ名	種類	概要
Accept	Request-header	受け入れ可能なメディア型を指定
Authorization	Request-header	HTTP認証の認証情報
Cache-Control	General-header	キャッシュの振る舞いを指示
Content-Language	Entity-header	エンティティの自然言語を表す
Content-Length	Entity-header	メッセージボディの大きさ
Content-Type	Entity-header	メッセージボディのメディア型
Cookie	Request-header （RFC定義外）	ブラウザに保存されたクッキーの値
Expires	Entity-header	レスポンスの有効期間
If-Modified-Since	Request-header	指定時刻以降に更新されているかを確認。条件付きGETとともに使用

次ページに続く

表5-1-3b：代表的なHTTPヘッダ（2）

ヘッダ名	種類	概要
Last-Modified	Entity-header	リソースの最終更新時刻
Referer	Request-header	リンクされている元のリソースのURI
Set-Cookie	Response-header（RFC定義外）	Webサーバが生成したクッキーの値
User-Agent	Request-header	ユーザーエージェントの名前

5-1 - 7 HTTPでの認証

HTTPでは、特定のファイルへのアクセス制限をするために認証をすることが可能です。主な認証方法を次の表に示します。

表5-1-4：HTTPでの主な認証方法

認証名	概要
Basic認証	ユーザー名とパスワードをコロン「:」で接続し、Base64でエンコードして送信することで認証を実施。 盗聴や改ざんが簡単にできてしまう
Digest認証	盗聴や改ざんを防ぐため、ユーザー名とパスワードをSHA-256やSHA-512/256、MD5（非推奨）でハッシュ化して送信し、認証を実施

Basic認証のイメージを次の図5-1-6に示します。

図5-1-6：Basic認証

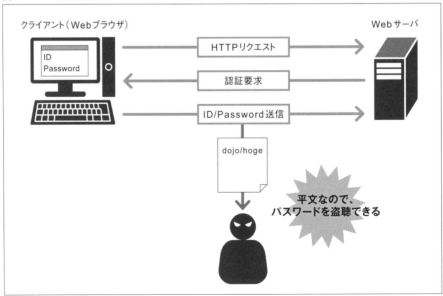

Digest認証のイメージを図5-1-7に示します。

図5-1-7：Digest認証

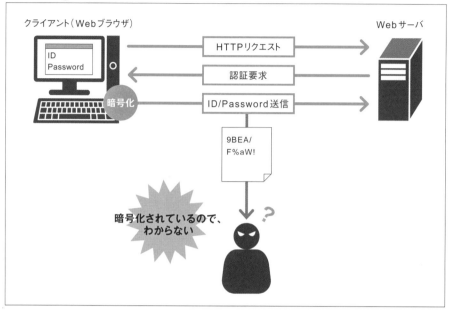

5-1 - 8 HTTP cookie（クッキー）

HTTPは、システムの現在の状態を保持しない（**ステートレス**と呼ばれます）プロトコルです。よって、WebサーバとWebブラウザとの間の状態管理はできません。そこで、Webブラウザに**クッキー**と呼ばれる状態管理情報を保存することで、HTTPでの状態管理を実現します。状態管理するプロトコルをクッキーと呼ぶこともあります。

クッキーの代表的な用途としては次が挙げられます。

■Webサイト上のサービスにおけるログイン状態の記録
■ECサイト上でのカート情報の管理
■広告配信業者によるアクセス履歴の記録

クッキーは、WebサーバからWebブラウザに返されるHTTPレスポンスのヘッダ「**Set-Cookie**」にて指定されます。これにより、Webサーバで指定された情報が**Webブラウザに保存**されます。その後Webブラウザは同フォルダ／同ページへのアクセス時、保存していたクッキーをヘッダ「Cookie」を用いてWebサーバに送信することで、状態管理を行います。

クッキーは、JavaScriptなどのクライアント側スクリプトで操作することができます。またWebブラウザから、クッキーの送受信に関する設定や内容確認および消去することも可能です。

クッキーを使った通信の例については、「5-2-3 通信」(p.283)をご覧ください。

5-1 - 9 HTTP/2

実は、5-1-1から5-1-8まで解説してきたHTTPは、1997年に制定されたバージョン1.1(HTTP/1.1)です。2015年には新しいバージョンとしてHTTP/2が承認され、現在も並行して利用されています。

Web上のコンテンツはシンプルな文章から複雑なアプリケーションへ変化していました。それに伴い、HTTPでやり取りされる文章・画像・データといったリソース数とそのサイズも増加し、アプリケーションのパフォーマンスに与える影響も大きくなってきました。

この問題をプロトコルから解決しようとしたのがHTTP/2です。

HTTP/2の最大の特徴は、TCPコネクションの使い方が効率的になったことです。
HTTP/1.1では、基本的に1組のHTTPリクエスト・レスポンスごとにTCPコネクションを作成していました。リクエストのたびにTCP接続のコストがかかるため、リクエスト数が多い最近のアプリケーションではパフォーマンスに影響が出ていたのです。そのため、Webブラウザから同時にリクエストを送れる数も制限されていました。

HTTP/2では、図5-1-8のように1つのTCPコネクションを共有し、その中で**複数のHTTPリクエスト・レスポンスを上限なく多重化して処理できる**ようになりました。そのため、TCP接続のコストが削減され、効率的に通信できるようになっています。

他にも、セキュリティの向上や、パフォーマンス向上を目的とした機能が追加されています。以下は代表的なものです。

■HTTPヘッダを圧縮し、通信量を削減
■HTTPリクエストに優先度を指定し、必要なリソースを早期に取得
■HTTPリクエストがないコンテンツをサーバからクライアントに送信し（サーバプッシュ）、リクエスト処理コストを削減

図5-1-8：HTTP/2の通信

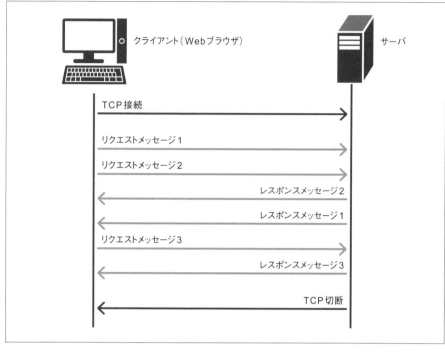

5-1
5-2

5-2 Web関連技術の概要

ここが重要！

▶ **DOMをJavaScriptで操作し、文書を取得・変更したり、要素の値を動的に変更することが可能**

▶ **JavaScriptはプロトタイプベースのオブジェクト指向型言語で、主要なWebブラウザに実装されている**

▶ **Ajaxにより、非同期通信と動的ページ書き換えを実現**

5-2 -1 文書の構造

▶ XHTML

HTMLを**XMLの文法で定義し直した**ものがXHTMLです。HTMLとの主な相違点は次のとおりです。

■ 文章の先頭に**XML宣言文**が必要（推奨）
■ 文字の**大文字／小文字が厳密に区別される**（要素名、属性名は小文字で定義されているため、小文字での記述が必須）
■ 要素は必ず**開始タグ**、**終了タグ**で括られていなければならない

XHTMLのバージョン遷移の歴史を次の表に示します。

表5-2-1：XHTMLの歴史

時期	バージョン	説明
2000年1月	XHTML1.0	HTML4.01を再定義したもの （2002年8月に2nd Editionに改訂）
2001年5月	XHTML1.1	機能がモジュール化されたXHTML （2010年11月に2nd Editionに改訂）
2006年～	XHTML2.0 Working Draft	W3Cは2009年7月3日に策定の打ち切りを決定
2014年Q4	XHTML5	HTML5仕様の1.6章にXMLでの記述が含まれる
2021年1月	HTML Living Standard	HTML仕様の14章にXMLの構文が含まれる

現在のHTMLにおいてもXHTMLの記述を用いることができます（p.022参照）。

マイクロデータ

マイクロデータとは**文書の意味や属性を伝える構文**の1つです。元々はHTML5の仕様として検討されてきましたが、別仕様として独立しました（➡ https://html.spec.whatwg. org/multipage/microdata.html）。

HTMLはページの「構造」を表すのに対し、マイクロデータはページの「属性」を表します。マイクロデータを利用することにより、検索エンジンなどのプログラムにWebページの文書が持つ、情報やデータなどの「**属性**」や「**意味**」を伝えることができるようになります。

マイクロデータでは次の3つの属性を利用します。

■ itemscope ：意味付けブロックの開始の宣言
■ itemtype ：データの種別（URL）
■ itemprop ：データのプロパティ名

次のマイクロデータは、映画の情報を表したものです。itemtypeとしてhttps://schema. org/Movieを指定したものは映画を、https://schema.org/Personを指定したものは人物を表します。

>> 使用例

```
<div itemscope itemtype="https://schema.org/Movie">
  <h1 itemprop="name">Pirates of the Caribbean: On Stranger Tide s (2011)</h1>
  <span itemprop="description">Jack Sparrow and Barbossa embark on a quest to find the
elusive fountain of youth, only to discover that Blackbeard an d his daughter are
after it too.</span>
  Director: <div itemprop="director" itemscope itemtype="https://schema.org/Person">
  <span itemprop="name">Rob Marshall</span> </div>
</div>
```

RDFa

RDFaとはResource Description Framework in Attributesの略で、**RDFによるメタデータをXHTMLで書かれた構造化文書に埋め込むための仕様**です。Web上のHTML文書にインラインで注釈を追加するためのシステムとして、Googleをはじめとする検索エンジンによってサポートされています。マイクロデータと用途が競合しますが、RDFaはXML技術が由来であるRDFを元としているため、XML文書全般でも利用が可能です。

RDFaはW3Cが勧告しており、次のドキュメントがあります。

■RDFa 1.1 Primer 　　：RDFaのチュートリアルドキュメント
■RDFa Core 1.1 　　　：RDFaの仕様
■XHTML+RDFa 1.1 　　：XHTML文書でRDFaを利用する際の仕様
■HTML5+RDFa 1.1 　　：HTML5文書でRDFaを利用する際の仕様
■RDFa Lite 1.1 　　　：必要最小限なRDFaの仕様

RDFa Liteでのマークアップ例を紹介します。使用する語彙を指定するvocab属性、語彙で定義されたクラスを指定するtypeof属性とプロパティを指定するproperty属性を利用しています。

>> 使用例

```
<p vocab="https://schema.org/" typeof="Person">
  My name is
  <span property="name">Manu Sporny</span>
  and you can give me a ring via
  <span property="telephone">1-800-555-0199</span>
  or visit
  <a property="url" href="https://manu.sporny.org/">my homepage</ a>
</p>
```

▶ OGP（Open Graph Protocol）

OGPは、あるWebページがどのような内容かという情報を、**プログラムから読める形でWebページに付加するための仕様**です。OGPにしたがって情報が付加されたページは、プログラムにより簡単に情報を展開することがでいます。

たとえばOGPに対応したページに設置された「いいね！」ボタンをクリックすると、自分自身のFacebookのウォールにOGPの情報が書き込まれるのと同時に、友達のニュースフィードに反映されます。FacebookやTwitterなどが対応しています。
ページへの埋め込み例を示します。

>> 使用例

```
<html xmlns:og="http://opengraphprotocol.org/schema/">
  <head>
    <title>The Rock (1996)</title>
    <meta property="og:title" content="The Rock" />
    <meta property="og:type" content="video.movie" />
    <meta property="og:url" content="https://www.imdb.com/title/
tt0117500/" />
    <meta property="og:image" content="https://m.media-amazon.com/
images/.....jpg" />
    ...
```

```
    </head>
...
    </html>
```

仕様の詳細はOGPのサイト（➡ https://ogp.me/）をご覧ください。

5-2 - 2 データの操作

▶ JavaScript

JavaScriptとはプロトタイプベースの**オブジェクト指向プログラミング言語**です。広義では**ECMAScriptの各実装の総称**として使われますが、狭義では、Mozillaが仕様策定し実装したスクリプト言語を指します。本書では、前者の広義の意味で使用しています。

主なWebブラウザが実装しているJavaScriptは、ECMAScriptに準拠しています。ECMAScriptはEcma InternationalでECMAScript（ECMA-262）として標準化されています。

HTMLからJavaScriptを利用するには2つの方法があります。1つ目は、**script要素**の内容としてHTML文書内へ直接記述する方法です。

≫ 使用例

```
<script type="text/javascript">
  //javascriptの内容を記述する。
</script>
```

2つ目は、**script要素のsrc属性で外部スクリプトを指定**し読み込む方法です。
次の例では、JavaScriptを記述したsample.jsを外部スクリプトとして読み込んでいます。

≫ 使用例

```
<script type="text/javascript" src="sample.js"></script>
```

HTML4.01ではtype属性が必須ですが、HTML5以降ではtext/javascriptの場合、type属性を省略可能になりました。

❯ DOM

DOMとは**Document Object Model**の略称で、HTML文書、XML文書の要素にプログラムからアクセスするためのAPIです。JavaScriptを用いてDOMを操作することにより、**文書を取得・変更したり、要素の値を動的に変更することが可能**となります（JavaScript APIについては試験範囲外です）。**DOMはツリー構造で表すことができます。**
たとえば、次のHTMLがあるとします。

≫ 使用例（HTMLファイル）

```
<html>
  <head>
    <title></title>
  </head>
  <body>
    <h1></h1>
    <h2></h2>
  </body>
</html>
```

このHTMLのDOMツリーは次の図のようになります。DOMについての詳細はW3Cのドキュメント（➡ https://dom.spec.whatwg.org/）をご覧ください。

図 5-2-1：DOMツリーの例

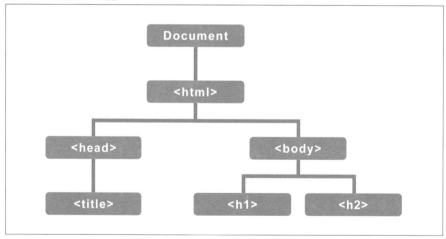

❯ Ajax

Ajaxとは**Asynchronous JavaScript + XML**の略で、Webブラウザ内で**非同期通信**と**動的ページ書き換え**などを行う技術です。Google Maps、Google suggestなどのAjax

を利用したWebアプリケーションが公開され注目される技術になりました。

AjaxはJavaScriptの組み込みクラスである**XMLHttpRequest**を利用して非同期通信を行い、通信結果をJavaScriptやCSSで動的にWebページに反映します。非同期通信により、ユーザーがフォームに入力中でもバックグラウンドでデータを取得することが可能です。従来のフォームを利用した通信は同期通信のため、サーバにリクエストを送ってから応答があるまで待つ必要がありましたが、非同期通信を利用すればその待ち時間を減らすことができます。

Ajaxで転送されるデータには**JSON**（JavaScript Object Notation）がよく用いられます。JSONには、サーバから取得したデータをそのままJavaScriptのオブジェクトに展開できるなどの利点があります。次は、idとnameを持ったデータをJSONで表した例です。XMLと比較すると閉じタグなどが必要なく簡潔で、読みやすいものになっています。

≫ 使用例

```
[
  {"id": "001", "name": "hoge"},
  {"id": "002", "name": "fuga"}
]
```

5-2 - 3 通信

▶ セッション

ネットワーク通信で**ログイン（接続）からログオフ（切断）するまでの一連の通信**のことを指します。HTTPは状態を持たないステートレスなプロトコルであり、画面遷移が同一ユーザーによるものか否かを判断する仕組みがありません。このことは複数ページの遷移が必要なWebアプリケーションには不都合なため、一連の通信をセッションとして扱います。セッションを実現するための仕組みとして、**クッキー**や**URL rewriting**があります。

クッキー（p.275）を用いたセッション実現の例を図5-2-2に示します。

一度目のアクセスでWebサーバからCookieが送信されます。

Webブラウザは**URLとそのクッキーを紐付けて管理**し、次回のアクセスではそのクッキーを送信します。

Webサーバは受け取ったクッキーを確認し、前回アクセスのあったクライアントと認識することができれば、前回アクセスの続きとして情報を送信します。

これで、本来別々の通信を連続する一連の処理として扱っています。

図 **5-2-2**：セッション実現例

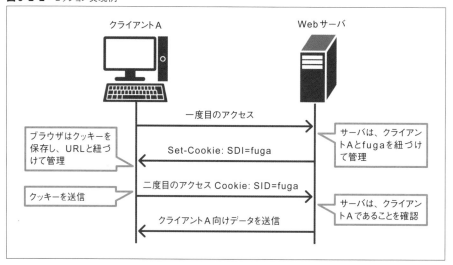

補足説明

URL Rewritingは、URLのパラメータとしてセッション情報を送る機能です。クッキーが利用できない場合でも使用できる点がメリットですが、セキュリティ的には問題があるため、利用は慎重に検討する必要があります。

データURI

画像のデータ等を**Base64**でエンコードし、**HTMLやCSSに直接埋め込んだ**際のURIをデータURIと呼びます。Base64化するのでオリジナルのデータサイズよりサイズが大きくなりますが、HTMLに埋め込まれるため、サーバへのリクエスト回数を減らすことができます。

データURIを用い、HTMLへ画像データを埋め込んだ例は次のようになります。

>> 使用例

```
<img src="data:image/png;base64,{Base64化した画像データの文字列}" width="100"
height="100" alt="xxx" />
```

データURIを用いたCSSへの画像データ埋め込み例は次のようになります。

>> 使用例

```
background-image: url(data:image/png;base64,{Base64化した画像データの文字列});
```

❯ Base64

64種類の文字（英数字と＋、／の2種の記号）とパディング用の＝記号により、**マルチバイト文字やバイナリデータを扱うためのエンコード方式**です。電子メールでの処理イメージで添付ファイルを送るときやBasic認証でBase64が利用されます。前述のデータURIなど様々な場所で利用されるBase64ですが、エンコードによりファイルサイズが元データの約1.3倍となるため、大きなファイルの転送には不向きです。

5-2 - 4 Webサイトへの不正な攻撃手法

近年Webサイトへの攻撃は増加の一方であり、日本でもサイトの改ざん攻撃が多発しています。ここでは、代表的な5つのWebサイトへの攻撃手法について解説します。

❯ SQLインジェクション

アプリケーションの意図しないSQLを実行し、データベースを不正に操作する攻撃です。Webアプリケーションの多くはフォームに入力された値を元にSQL文を組み立てて実行します。しかし、その組み立て方に問題がある場合、図5-2-3のようにフォームにSQL文となるような不正な値を入力することで任意のSQL文が実行され、**情報の改ざん**や**消去**、**情報漏洩**が発生するおそれがあります。

図**5-2-3**：SQLインジェクション

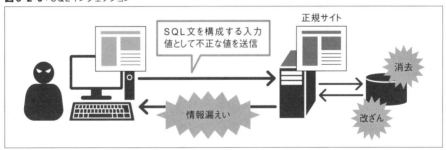

サーバ側に次のような対策が必要です。

■SQLを埋め込む箇所で特殊文字を適切にエスケープする
■開発言語の用意するprepared statement（事前にコンパイル可能なSQL文）を利用する

クロスサイト・スクリプティング（XSS）

Webサイトには利用者の入力を利用して表示するものがありますが、その出力処理に問題がある場合に**悪意のあるスクリプトが埋め込まれ**、ユーザーやサーバに被害を与える攻撃です。図5-2-4は、攻撃対象サイトにXSS脆弱性がある場合、罠サイトから攻撃対象サイトへ遷移させるとともにJavaScriptを含むサイトを生成するようにすることで、被害者に攻撃対象サイト上でJavaScriptを実行させています。

これにより、**なりすまし**や**秘密情報を取得**されるおそれがあります。

図**5-2-4**：XSSの例

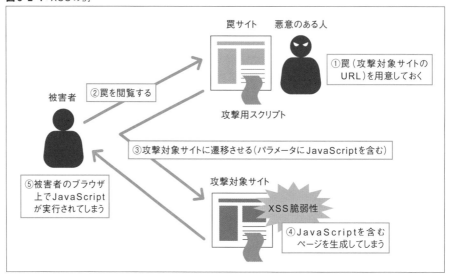

Webブラウザ側でJavaScriptを無効化すれば防ぐことはできますが、JavaScriptを利用するページが閲覧できなくなるためあまり現実的な対策ではありません。

Webサーバ側で次のようなXSSの脆弱性をなくす対策が必要です。

■ 入力値のチェックをし、不正な入力を受け付けない
■ 特殊文字のサニタイジング（無害化）をする

クロスサイト・リクエスト・フォージェリ（CSRF）

Webサイトでは重要な処理を実行するにあたり、そのリクエストが利用者の意図したものかどうかを確認する必要がありますが、その確認処理が不十分であると、被害者が攻撃用のWebページにアクセスした際に、**攻撃者が用意したHTTPリクエストを送信させられる可能性**があります。

CSRF脆弱性を利用することで、次の図のように、パスワード変更などの重要な処理が実行されてしまうおそれがあります。

図5-2-5：CSRFの例

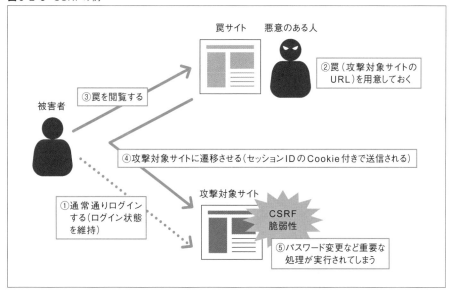

Webサーバ側で次のような対策が必要です。

■ HTTPのReferer（リンク元のURL）を取得し、外部サイトからのPOSTリクエストを遮断する
■ ブラウザから自動で送信される値のみでユーザーを判断せず、別の照合情報を利用する

▶ ディレクトリ・トラバーサル

パラメータに親ディレクトリを表す文字列（ ../ や ..\ ）を含め、Webサーバ上にある、Web利用者がアクセスできないはずのファイルにアクセスする攻撃です。

次の図5-2-6では、「file.txt」から2階層上のディレクトリをたどり、秘密情報を含んだファイルにアクセスしています。

図5-2-6：ディレクトリ・トラバーサルの例

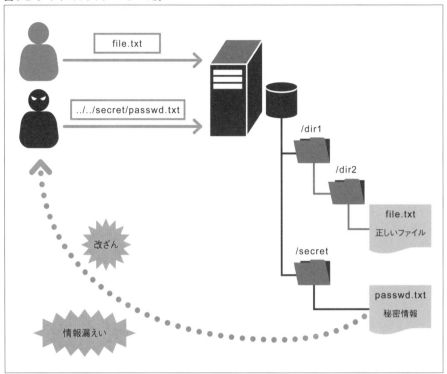

対策には次が挙げられます。

■ 1つ上の階層を指す**../**などのパスを絶対パスに変換し、Web利用者がアクセス可能なファイルであることを確認する
■ ファイルのアクセス権を正しく設定する

▶ HTTPヘッダインジェクション

Webサイトには、リクエストに対するレスポンス生成において、レスポンスヘッダの値を、**外部から入力されたパラメータを利用して生成**するものがあります。そのレスポンスヘッダ生成処理に問題がある場合、ヘッダ行を挿入し、**不正な動作を行わせる攻撃手法**です。図5-2-7は、Locationヘッダに設定するURLをurlパラメータに追加する仕組みとなっています。そこにURLに加えて%0D%0ASet-Cookie：+trapが追加された場合、レスポンスヘッダでは%0D%0Aが改行として認識されるため、続くSet-Cookie：+trapで**不正なCookieが設定**されてしまいます。このように、任意のHTTPヘッダが設定されてしまうおそれがあります。

図**5-2-7**：HTTPヘッダインジェクションの例

"url"以下のパラメータへ、リダイレクトする仕組み

https://www.training.com:8080/...?url=https://www.training.com/8080/training%0D%0ASet-Cookie:+trap

HTTPヘッダ出力内容

Location: https://www.training.com:8080/training
Set-Cookie:+trap

"%0D%0A"が改行
として扱われる

対策としては次が挙げられます。

■ 開発言語が提供するHTTPヘッダ出力用のAPIを使用する
■ 改行コード（HTTPヘッダの特殊文字）をエスケープする

5-2 - 5 ネットワーク上の脅威対策

Webアプリケーションを公開するにあたり、ネットワーク上の脅威に対する対策は不可欠なものになっています。ここでは、ネットワーク上の脅威対策について解説します。

▶ 統合脅威管理（Unified Threat Management: UTM）

ネットワークを**複数の脅威から統合的に保護する**手法、もしくは製品を指します。ファイアーウォール、VPN機能、アンチウイルス、不正侵入防御、コンテンツフィルタリングなどを1つの製品で処理できます。機器管理負担軽減や導入コスト削減に効果が期待できます。

▶ Webサイト改ざん検知の手法

ネットワークに接続している限りWebサイト改ざんの可能性はあるため、改ざんを早期に検知する必要があります。IPAでは検知の方法として次を推奨しています。

■ オリジナルのHTMLファイルとサーバのHTMLファイルとを比較
■ HTMLソースをセキュリティソフトでスキャン
■ FTPアクセスログを確認

▶ 侵入検知システム（Intrusion Detection System: IDS）

ネットワークからの**不正アクセスを検知**するシステムです。ネットワークの通信内容を検査するネットワーク型IDSと、サーバに異常がないかを監視するホスト型IDSがあります。

5-2 - 6 Webサイトやアプリケーションの制作

▶ MVCアーキテクチャ

様々なプログラムで再利用できる汎用的な設計パターンのことを**デザインパターン**といいますが、MVCアーキテクチャはそのデザインパターンの1つです。ソフトウェアを**業務処理を行うモデル（Model）**、**表示処理を行うビュー（View）**、**モデルとビューを操作するコントローラ（Controller）**の3つに分けて設計する手法を指します。GUIとは独立にビジネスロジックをモデルに記述可能という利点があります。

MVCには様々な派生パターンがありますが、基本的な構造は表5-2-2の通りモデル／ビュー／コントローラに分かれています。

表5-2-2：MVCアーキテクチャの構成要素

要素	概要
モデル	主要処理
ビュー	ユーザー操作の受付、画面表示
コントローラ	ビューからの入力によりモデルに処理を依頼し、処理結果の表示をビューに依頼する

MVCアーキテクチャでの処理イメージを図5-2-8に示します。

図5-2-8：MVCアーキテクチャでの処理イメージ

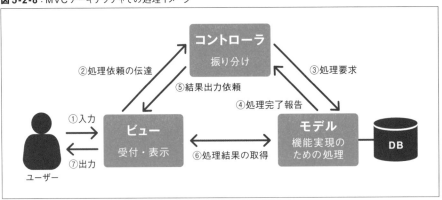

ビューは入力を受け取ると、処理依頼をコントローラに送ります。コントローラはモデルに処理を要求し、モデルはその要求を受け取って処理を完了させます。モデルは処理完了をコントローラに通知すると、コントローラはビューへ処理結果の出力依頼を行います。出力依頼を受け取ったビューはモデルから処理結果を取得し、結果を出力します。

このように、**ビューは表示周り**、**モデルは主要処理**という形で分担し、**その要求はコントローラを通して行う**仕組みとなっています。

> CMS

CMSとは**コンテンツマネジメントシステム**（Content Management System）のことで、**コンテンツ（テキストや画像）を一元的に管理**し、Webページの作成や更新が可能なソフトウェアを指します。HTMLやCSSなどの技術的な知識が少なくとも、コンテンツを用意すればWebページが作成可能となるように支援するソフトウェアです。代表的なCMSとして、BlogやWikiソフトウェアがあります。

5-2 - 7 画像について

> 画像ファイルフォーマット

■ BMP

BMPはフルカラーに対応したWindowsの標準ビットマップ画像フォーマットです。一般的に圧縮されないことが多くファイルサイズは大きくなりすぎるため、Webサイトでの使用は不適切です。

■ GIF

256色までに対応した可逆圧縮の画像フォーマットです。サポート色は少ないですが、画質の劣化がないため、単純なイラストなどに向いています。透過色を用いた透過GIF、複数コマを結合したアニメーションGIFも存在します。

■ PNG

フルカラーに対応した可逆圧縮の画像フォーマットです。GIFの代替として登場しました。圧縮率はGIFよりよいですが、JPEGには劣ります。透過色を用いることはできますが、GIFのようなアニメーション機能はありません。

■ JPEG

フルカラーに対応した非可逆圧縮の画像フォーマットです。ファイルサイズは小さくなるが、非可逆圧縮のため画質は元より劣化します。多少の画質劣化が問題にならない写真に向いています。

■ SVG

XMLで記述する、ベクターデータの画像フォーマットです。拡大・縮小をしても

画像が劣化しません。図形やアイコン、文字などの表現に適しています。また、JavaScriptによる制御も行うことができます。

＞ インターレース

画像の表示形式の一部です。データ受信途中に粗い解像度の画像を表示し、データを受信するにしたがって徐々に高解像度の画像を表示します。画像サイズに対して回線が低速な場合でも、早くから画像の全体像をつかめる利点があります。

インターレースは、GIF、PNGで使えます。JPEGにはインターレースに似た「**プログレッシブJPEG**」を設定することができます。

5-2 - 8 Webサイトの集客・収益

＞ SEO

検索エンジン最適化（Search Engine Optimization） のことです。検索エンジン最適化とは、**検索エンジンの上位に自らのWebサイトが表示されるようにする適切な工夫**をいいます。

SEOの一例として、Googleが公開しているドキュメント[1]には、**適切なページタイトル（title要素）の設定**、**meta要素のname属性にdescriptionを設定する**などが挙げられています。

＞ 検索ロボット

検索エンジンのデータベースを作成するために、全世界のWebページをダウンロードするプログラムです。**検索ロボットにとってわかりやすい記述**をすることで、ある程度SEOが可能となります。一方、検索エンジンにヒットさせたくないページがある場合は次の対策をするとよいでしょう。後半2つの対策は、前半の2つより効果的です。

■ 特定のメタ要素（<meta name="robots" content="noindex,nofollow">など）を記述
■ robots.txtの記述
■ .htaccessの設定
■ Basic認証の利用

※1：https://developers.google.com/search/docs/beginner/seo-starter-guide?hl=ja

Web広告

Web広告として代表的なものを3種類挙げます。

■**ペイパークリック広告（Pay Per Click広告、略称PPC広告）**
広告の掲載だけでは費用が発生せず、広告の**クリック数に応じて課金される**システムの広告です。

■**アドワーズ広告**
検索エンジンの検索結果に連動して表示されるPPC広告のことです。単にGoogle検索結果に表示されるPPC広告を指す場合もあります。

■**アフィリエイト広告**
成果報酬型のインターネット広告です。広告のクリック数や売り上げ数などの何らかの成果に応じて広告料が課金されるシステムになっています。

コンバージョンレート

Webサイトへのアクセス数やユニークユーザー数のうち、**どの程度が収益（商品購入、会員登録など）に結びついたか**を示す割合です。

ROI

投資利益率（Return On Investment）の略で、**投資した資本に対して得られる利益の割合**です。

練習問題

01 **HTTPとHTTPSについて正しいものをすべて選びなさい。**

A. HTTPの通信では、リクエストメッセージを送信してレスポンスメッセージを受信する

B. HTTPSの通信では、最初にセキュリティ確保のためのプロトコルでのセッションを確立する

C. HTTPSの通信では、セキュリティ確保のために、SSL、TLS、TCPプロトコルを使用する

D. 正式な仕様として承認されているHTTPの最新バージョンは、HTTP/1.1である

E. HTTPのメッセージには、必ず1行以上のヘッダフィールドが含まれる

02 **HTTPのリクエストメッセージについて、正しいものをすべて選びなさい。**

A. リクエストURIで識別されるリソースを取得するのは「GET」メソッドである

B. リクエストURIで識別されるリソースを取得するのは「TRACE」メソッドである

C. 「POST」メソッドでリクエストパラメータが指定されると、その内容はメッセージボディとして指定される

D. 「GET」メソッドでリクエストパラメータが指定されると、その内容はメッセージボディとして指定される

E. 「GET /index.html?name=John&age=20 HTTP/1.1」の「?」以降の文字列はクエリ文字列と呼ばれている

03 **HTTPのリクエストメソッドとして不適切なものをすべて選びなさい。**

A. POST

B. TAKE

C. GET

D. PUT

E. HEAD

04 **HTTPのメッセージフォーマットについて正しいものをすべて選びなさい。**

A. メッセージは開始行（リクエストライン・ステータスライン）から始まる

B. メッセージボディには1バイト以上の情報が必要である

C. 開始行（リクエストライン・ステータスライン）は必須ではない

D. メッセージボディは空でもよい

E. ヘッダフィールドとメッセージボディは改行で区切られる

05 HTTPのヘッダフィールドについて、正しいものをすべて選びなさい。

 A．HTTPヘッダは、メッセージのメタ情報を扱うためのものである

 B．「Accept」は、アクセス可能なドメインを指定する

 C．「Content-Type」は、メッセージボディのメディア型を指定する

 D．「Expires」は、クッキーの有効期間を指定する

 E．「User-Agent」は、ユーザーエージェントの名前を指定する

06 HTTPのステータスコードについて、正しいものをすべて選びなさい。

 A．成功したことを表すコードは200番台(2XX)である

 B．クライアントエラーに関するコードは100番台である(1XX)

 C．転送に関するコードは300番台である(3XX)

 D．サーバーエラーに関するコードは500番台である(5XX)

 E．情報提供のコードは400番台である(4XX)

07 HTTP/2の解説として正しいものをすべて選びなさい。

 A．HTTP/1.1の次バージョンとして登場したのがHTTP/2である

 B．HTTPリクエストに優先度を指定できる

 C．UDPプロトコルを用いて高速化している

 D．HTTPヘッダを圧縮し通信量を削減できる

 E．HTTPリクエストがないコンテンツをサーバからクライアントへ送信できる

08 以下の記述のうち、正しいものをすべて選びなさい。

 A．JavaScriptは、手続き型のプログラミング言語である

 B．HTMLからJavaScriptを利用するには、script要素のsrc属性でファイル名を指定する方法がある

 C．JavaScriptからHTMLを操作するには、DOMを利用する

 D．AjaxはXMLHttpRequestを利用して並列通信を行う技術である

 E．Ajaxにより、バックグラウンドでのデータの取得ができる

練 習 問 題 ━━━━━━━━━━━━━━━━━━━━━━■

09 **HTMLやCSSにデータ等を直接埋め込む方法を表す技術を1つ選びなさい。**

A．RDFa

B．データURL

C．DOM

D．マイクロデータ

E．OGP

10 **XHTMLの特徴として正しいものをすべて選びなさい。**

A．動的に生成されるHTMLである。

B．HTMLをXMLの文法で定義し直したものである。

C．HTMLにおいてもXHTMLの記述が解釈される。

D．XML文書をHTMLに変換したものである。

E．画像データを扱うための言語である。

11 **セッションについて、正しいものをすべて選びなさい。**

A．ネットワーク通信で接続から切断までの一連の通信のことをセッションと言う

B．2回目のアクセスで、Webブラウザはクッキーをサーバに送信する

C．Webブラウザはサーバから送られてくるクッキーとそのURLを紐付けて管理する

D．セッションを実現する技術として、クッキーやHTTPSがある

E．クッキーには、アクセスしている人の個人情報が含まれている

12 **Webサイトへの不正な攻撃手法として正しいものをすべて選びなさい。**

A．SQLインジェクション

B．クロスサイト・リクエスト・フォージェリ

C．クロスサイト・スクリプティング

D．SEO

E．検索ロボット

練 習 問 題 の 答 え

01の答え　A、B　» `5-1`-`1` ～ `5-1`-`3` で解説

HTTPSで使用されているセキュリティ確保のためのプロトコルは、SSLとTLSです。

また、正式な仕様として承認されているHTTPの最新バージョンはHTTP/2.0です（2022年8月時点）。

HTTPのメッセージのヘッダーフィールドは0行のこともあります。

02の答え　A、C、E　» `5-1`-`4` で解説

リクエストURIで識別されるリソースを取得するのは「GET」メソッドです。

「GET」メソッドでリクエストパラメータが指定されると、その内容はリクエストURLに付加されます。

03の答え　B　» `5-1`-`4` で解説

TAKEは存在しません。

04の答え　A、D、E　» `5-1`-`3` で解説

開始行は必須です。また、メッセージボディは空も可能です。その他はすべて正しい解説です。

05の答え　A、C、E　» `5-1`-`6` で解説

「Accept」は、受け入れ可能なメディア型を指定します。「Expires」は、レスポンスの有効期間を指定します。

06の答え　A、C、D　» `5-1`-`5` で解説

クライアントエラーに関するコードは400番台（4XX）、情報提供のコードは100番台（1XX）です。

07の答え　A、B、D、E　» `5-1`-`9` で解説

HTTP/2はHTTP/1.1と同様、TCPプロトコルを使用しています。

08の答え　B、C、E　» `5-2`-`2` で解説

JavaScriptは、オブジェクト指向のプログラミング言語です。Ajaxは並列通信ではなく、非同期通信を行う技術です。

09の答え　B　» `5-2`-`3` で解説

この説明で適当なものはデータURLです。

練 習 問 題 の 答 え

10の答え　B、C　　» 5-2 - 1 で解説

XHTMLはHTMLをXMLで定義しなおしたもので、HTMLにおいてもXHTMLを使用することができます。

11の答え　A、B、C　　» 5-2 - 3 で解説

HTTPSは、セッションには直接関係のない技術です。また、クッキーには個人情報などは含まれません。

12の答え　A、B、C　　» 5-2 - 4 で解説

D、Eは攻撃手法ではありません。

Appendix

巻末資料

A-1

A-2

A-1 HTMLの要素の配置ルール

HTMLのすべての要素について、「どこに配置できるのか」「子要素として直接入れられる要素はどれか（コンテンツ・モデル）」をまとめた一覧表です（アルファベット順）。

表A-1：HTMLの要素の配置ルール

要素名	配置できる場所	内容となる子要素（コンテンツ・モデル）
a	フレージングコンテンツ（Phrasing content）を配置可能な場所	トランスペアレント（親要素に直接入れられる要素と同じ） ※ただし内部にa要素・インタラクティブコンテンツ（Interactive content）・tabindex属性を指定している要素を含むことはできない
abbr	フレージングコンテンツ（Phrasing content）を配置可能な場所	フレージングコンテンツ（Phrasing content）
address	フローコンテンツ（Flow content）を配置可能な場所	フローコンテンツ（Flow content） ※ただし内部に見出しコンテンツ（Heading content）・セクショニングコンテンツ（Sectioning content）・header要素・footer要素・address要素を含むことはできない
area	map要素内でフレージングコンテンツ（Phrasing content）を配置可能な場所	なし
article	セクショニングコンテンツ（Sectioning content）を配置可能な場所	フローコンテンツ（Flow content）
aside	セクショニングコンテンツ（Sectioning content）を配置可能な場所	フローコンテンツ（Flow content）
audio	組み込みコンテンツ（Embedded content）を配置可能な場所	src属性が指定されている場合は、はじめに0個以上のtrack要素を配置し、以降は トランスペアレント（親要素に直接入れられる要素と同じ要素）。 src属性が指定されていない場合は、はじめに0個以上のsource要素を配置し、次に0個以上のtrack要素、以降はトランスペアレント（親要素に直接入れられる要素と同じ要素）。 いずれの場合も、内部にaudio要素とvideo要素は含むことができない
b	フレージングコンテンツ（Phrasing content）を配置可能な場所	フレージングコンテンツ（Phrasing content）
base	head要素内（ただし複数は配置できない）	なし
bdi	フレージングコンテンツ（Phrasing content）を配置可能な場所	フレージングコンテンツ（Phrasing content）
bdo	フレージングコンテンツ（Phrasing content）を配置可能な場所	フレージングコンテンツ（Phrasing content）
blockquote	フローコンテンツ（Flow content）を配置可能な場所	フローコンテンツ（Flow content）
body	html要素内に2つ目の子要素として配置	フローコンテンツ（Flow content）
br	フレージングコンテンツ（Phrasing content）を配置可能な場所	なし
button	フレージングコンテンツ（Phrasing content）を配置可能な場所	フレージングコンテンツ（Phrasing content） ※ただし内部にインタラクティブコンテンツ（Interactive content）とtabindex属性を指定している要素を含むことはできない

要素名	配置できる場所	内容となる子要素(コンテンツ・モデル)
canvas	組み込みコンテンツ(Embedded content)を配置可能な場所	トランスペアレント(親要素に直接入れられる要素と同じ) ※ただしa要素・button要素・usemap属性が指定されたimg要素・チェックボックスまたはラジオボタンまたはボタンとして使用しているinput要素・multiple属性が指定されているかsize属性の値が1より大きいselect要素以外のインタラクティブコンテンツ(Interactive content)を含むことはできない
caption	table要素の最初の子要素として配置	フローコンテンツ(Flow content) ※ただし内部にtable要素を含むことはできない
cite	フレージングコンテンツ(Phrasing content)を配置可能な場所	フレージングコンテンツ(Phrasing content)
code	フレージングコンテンツ(Phrasing content)を配置可能な場所	フレージングコンテンツ(Phrasing content)
col	sapn属性の指定されていないcolgroup要素の子要素として配置	なし
colgroup	table要素の子要素として配置 ※ただしcaption要素よりも後で、thead要素・tbody要素・tfoot要素・tr要素よりも前に配置	span属性が指定されている場合は内容は空 span属性が指定されていない場合はcol要素・template要素を0個以上
data	フレージングコンテンツ(Phrasing content)を配置可能な場所	フレージングコンテンツ(Phrasing content)
datalist	フレージングコンテンツ(Phrasing content)を配置可能な場所	フレージングコンテンツ(Phrasing content)、またはoption要素・script要素・template要素を0個以上
dd	dl要素内で、dt要素またはdd要素の後 dl要素の子要素であるdiv要素内で、dt要素またはdd要素の後	フローコンテンツ(Flow content)
del	フレージングコンテンツ(Phrasing content)を配置可能な場所	トランスペアレント(親要素に直接入れられる要素と同じ)
details	フローコンテンツ(Flow content)を配置可能な場所	summary要素を1つ、その後にフローコンテンツ(Flow content)
dfn	フレージングコンテンツ(Phrasing content)を配置可能な場所	フレージングコンテンツ(Phrasing content)※ただし内部にdfn要素を含むことはできない
div	フローコンテンツ(Flow content)を配置可能な場所 dl要素の子要素として配置	dl要素の子要素でない場合はフローコンテンツ(Flow content) dl要素の子要素である場合は、1つ以上のdt要素に続けて1つ以上のdd要素(必要に応じてscript要素とtemplate要素も配置可能)
dl	フローコンテンツ(Flow content)を配置可能な場所	1つ以上のdt要素に続く1つ以上のdd要素のグループを0個以上。または1つ以上のdiv要素。いずれの場合も必要に応じてscript要素とtemplate要素を入れることも可能)
dt	dl要素内で、dd要素またはdt要素の前 dl要素の子要素であるdiv要素内で、dd要素またはdt要素の前。	フローコンテンツ(Flow content) ※ただし内部にheader要素・footer要素・セクショニングコンテンツ(Sectioning content)・見出しコンテンツ(Heading content)を含むことはできない
em	フレージングコンテンツ(Phrasing content)を配置可能な場所	フレージングコンテンツ(Phrasing content)
embed	組み込みコンテンツ(Embedded content)を配置可能な場所	なし
fieldset	フローコンテンツ(Flow content)を配置可能な場所	必要に応じて最初にlegend要素を1つ、その後にフローコンテンツ(Flow content)

次ページに続く

要素名	配置できる場所	内容となる子要素(コンテンツ・モデル)
figcaption	figure要素の最初または最後の子要素として配置	フローコンテンツ(Flow content)
figure	フローコンテンツ(Flow content)を配置可能な場所	フローコンテンツ(Flow content)。必要に応じて、最初または最後の子要素としてfigcaption要素を1つ配置可能
footer	フローコンテンツ(Flow content)を配置可能な場所	フローコンテンツ(Flow content)※ただし内部にheader要素とfooter要素を含むことはできない
form	フローコンテンツ(Flow content)を配置可能な場所	フローコンテンツ(Flow content)※ただし内部にform要素を含むことはできない
h1〜h6	フローコンテンツ(Flow content)を配置可能な場所 hgroup要素の子要素として配置	フレージングコンテンツ(Phrasing content)
head	html要素の最初の子要素として配置	1つ以上のメタデータコンテンツ(Metadata content)※ただしtitle要素を必ず1つ含み、base要素は複数は配置できない。 iframe要素のsrcdoc属性で指定される文書や上位のプロトコルでタイトル情報が提供される場合は0個以上のメタデータコンテンツ(Metadata content)※ただしtitle要素とbase要素は複数は配置できない
header	フローコンテンツ(Flow content)を配置可能な場所	フローコンテンツ(Flow content)※ただしheader要素とfooter要素を含むことはできない
hgroup	見出しコンテンツ(heading content)が配置できる場所	0個以上のp要素、その後にh1〜h6要素のうちの1つ、0個以上のp要素(必要に応じてscript要素とtemplate要素も配置可能)
hr	フローコンテンツ(Flow content)を配置可能な場所	なし
html	文書要素(親が文書である要素)として配置 複合文書内でサブ文書が配置可能な場所	head要素とbody要素を順にひとつずつ
i	フレージングコンテンツ(Phrasing content)を配置可能な場所	フレージングコンテンツ(Phrasing content)
iframe	組み込みコンテンツ(Embedded content)を配置可能な場所	なし
img	組み込みコンテンツ(Embedded content)を配置可能な場所	なし
input	フレージングコンテンツ(Phrasing content)を配置可能な場所	なし
ins	フレージングコンテンツ(Phrasing content)を配置可能な場所	トランスペアレント(親要素に直接入れられる要素と同じ)
kbd	フレージングコンテンツ(Phrasing content)を配置可能な場所	フレージングコンテンツ(Phrasing content)
label	フレージングコンテンツ(Phrasing content)を配置可能な場所	フレージングコンテンツ(Phrasing content)※ただし内部にlabel要素を含むことはできない。また、ラベルと関連付けないbutton要素・type属性の値がhidden以外のinput要素・meter要素・output要素・progress要素・select要素・textarea要素は内部に含むことはできない
legend	fieldset要素の最初の子要素として配置	フレージングコンテンツ(Phrasing content)※見出しコンテンツ(heading content)も配置可能
li	ul要素内／ol要素内／menu要素内	フローコンテンツ(Flow content)

要素名	配置できる場所	内容となる子要素(コンテンツ・モデル)
link	メタデータコンテンツ(Metadata content)を配置可能な場所／head要素の子要素であるnoscript要素内／itemprop属性が指定されているか、rel属性に特定の値(stylesheet, dns-prefetch, modulepreload, pingback, preconnect, prefetch, preload, prerender)が指定されている場合はフレージングコンテンツが配置可能な場所	なし
main	フローコンテンツ(Flow content)を配置可能な場所 ※ただしmain要素を含むことができるのは、html要素、body要素、div要素、アクセシブルネームのないform要素、自立カスタム要素のみ	フローコンテンツ(Flow content)
map	フレージングコンテンツ(Phrasing content)を配置可能な場所	トランスペアレント(親要素に直接入れられる要素と同じ)
mark	フレージングコンテンツ(Phrasing content)を配置可能な場所	フレージングコンテンツ(Phrasing content)
menu	フローコンテンツ(Flow content)を配置可能な場所	0個以上のli要素(script要素・template要素を入れることも可能)
meta	charset属性またはhttp-equiv属性で文字コードを指定している場合はhead要素内／http-equiv属性で文字コード以外を指定している場合はhead要素内またはhead要素の子要素であるnoscript要素内／name属性が指定されている場合はメタデータコンテンツが配置できる場所／itemprop属性が指定されている場合はメタデータコンテンツまたはフレージングコンテンツが配置できる場所	なし
meter	フレージングコンテンツ(Phrasing content)を配置可能な場所	フレージングコンテンツ(Phrasing content) ※ただし内部にmeter要素を含むことはできない
nav	セクショニングコンテンツ(Sectioning content)を配置可能な場所	フローコンテンツ(Flow content)
noscript	head要素内、またはフレージングコンテンツ(Phrasing content)を配置可能な場所 ※ただしnoscript要素の内部には配置できない	head要素内の場合はlink要素・style要素・meta要素を順不同で任意の数 head要素外の場合はトランスペアレント(親要素に直接入れられる要素と同じ) ※ただし内部にnoscript要素を含むことはできない
object	組み込みコンテンツ(Embedded content)を配置可能な場所	トランスペアレント (親要素に直接入れられる要素と同じ要素)
ol	フローコンテンツ(Flow content)を配置可能な場所	0個以上のli要素(script要素・template要素を入れることも可能)
optgroup	select要素の子要素として配置	0個以上のoption要素(script要素・template要素を入れることも可能)
option	select要素・optgroup要素・datalist要素の子要素として配置	label属性とvalue属性の両方が指定されている場合はなし label属性は指定されているがvalue属性は指定されていない場合はテキスト label属性がなくdatalist要素の子要素ではない場合は、内容が空ではなく半角スペースや改行やタブだけではないテキスト label属性がなくdatalist要素の子要素である場合はテキスト

次ページに続く

要素名	配置できる場所	内容となる子要素（コンテンツ・モデル）
output	フレージングコンテンツ（Phrasing content）を配置可能な場所	フレージングコンテンツ（Phrasing content）
p	フローコンテンツ（Flow content）を配置可能な場所	フレージングコンテンツ（Phrasing content）
picture	組み込みコンテンツ（Embedded content）を配置可能な場所	0個以上のsource要素を配置し、最後にimg要素を1つ配置（script要素・template要素を入れることも可能）
pre	フローコンテンツ（Flow content）を配置可能な場所	フレージングコンテンツ（Phrasing content）
progress	フレージングコンテンツ（Phrasing content）を配置可能な場所	フレージングコンテンツ（Phrasing content）※ただし内部にprogress要素を含むことはできない
q	フレージングコンテンツ（Phrasing content）を配置可能な場所	フレージングコンテンツ（Phrasing content）
rp	ruby要素の子要素として、rt要素の直前か直後に配置	テキスト
rt	ruby要素の子要素として配置	フレージングコンテンツ（Phrasing content）
ruby	フレージングコンテンツ（Phrasing content）を配置可能な場所	はじめに「ruby要素以外でかつ内部にruby要素を含まないフレージングコンテンツ（Phrasing content）」または「内部にruby要素を含まないruby要素」のいずれかを配置し、それに続けて「1つ以上のrt要素」または「1つのrp要素に続く1つ以上のrt要素とrp要素のセット」を配置。以上のパターンを1つ以上配置可能
s	フレージングコンテンツ（Phrasing content）を配置可能な場所	フレージングコンテンツ（Phrasing content）
samp	フレージングコンテンツ（Phrasing content）を配置可能な場所	フレージングコンテンツ（Phrasing content）
script	メタデータコンテンツ（Metadata content）を配置可能な場所／フレージングコンテンツ（Phrasing content）を配置可能な場所／script要素またはtemplate要素が配置可能な場所	src属性がない場合はtype属性の値により異なるsrc属性がある場合は内容は空またはコメントによる説明のみ
section	セクショニングコンテンツ（Sectioning content）を配置可能な場所	フローコンテンツ（Flow content）
select	フレージングコンテンツ（Phrasing content）を配置可能な場所	option要素またはoptgroup要素を0個以上（script要素・template要素を入れることも可能）
slot	フレージングコンテンツ（Phrasing content）を配置可能な場所	トランスペアレント（親要素に直接入れられる要素と同じ要素）
small	フレージングコンテンツ（Phrasing content）を配置可能な場所	フレージングコンテンツ（Phrasing content）
source	audio要素またはvideo要素の子要素として、他のフローコンテンツ（Flow content）またはtrack要素よりも前に配置／picture要素の子要素として、img要素よりも前に配置	なし
span	フレージングコンテンツ（Phrasing content）を配置可能な場所	フレージングコンテンツ（Phrasing content）
strong	フレージングコンテンツ（Phrasing content）を配置可能な場所	フレージングコンテンツ（Phrasing content）
style	メタデータコンテンツ（Metadata content）を配置可能な場所／head要素の子要素であるnoscript要素内	テキスト（正しいスタイルシートのソースコード）

要素名	配置できる場所	内容となる子要素（コンテンツ・モデル）
sub	フレージングコンテンツ（Phrasing content）を配置可能な場所	フレージングコンテンツ（Phrasing content）
summary	details要素の最初の子要素として配置	フレージングコンテンツ（Phrasing content）、または見出しコンテンツ（Heading content）の要素を1つ
sup	フレージングコンテンツ（Phrasing content）を配置可能な場所	フレージングコンテンツ（Phrasing content）
table	フローコンテンツ（Flow content）を配置可能な場所	次の順に配置：0個か1個のcaption要素→0個以上のcolgroup要素→0個か1個のthead要素→0個以上のtbody要素または1個以上のtr要素→0個か1個のtfoot要素 ※内容として1つ以上のscript要素・template要素を入れることも可能
tbody	table要素の子要素としてcaption要素・colgroup要素・thead要素よりも後に配置（ただしtable要素の直接の子要素であるtr要素がない場合のみ）	0個以上のtr要素（script要素・template要素を入れることも可能）
td	tr要素の子要素として配置	フローコンテンツ（Flow content）
template	フレージングコンテンツ（Phrasing content）を配置可能な場所／メタデータコンテンツ（Metadata content）を配置可能な場所／script要素・template要素を配置可能な場所／span属性の指定されていないcolgroup要素の子要素として配置	なし
textarea	フレージングコンテンツ（Phrasing content）を配置可能な場所	テキスト
tfoot	table要素の子要素として、caption要素・colgroup要素・thead要素・tbody要素・tr要素よりも後に配置。ただし、同じtable要素内にtfoot要素は1つしか配置できない	0個以上のtr要素（script要素・template要素を入れることも可能）
th	tr要素の子要素として配置	フローコンテンツ（Flow content） ※ただし内部にheader要素・footer要素・セクショニングコンテンツ（Sectioning content）・見出しコンテンツ（Heading content）を含むことはできない
thead	table要素の子要素として、caption要素・colgroup要素の後で、tbody要素・tfoot要素・tr要素よりも前に配置。ただし、同じtable要素内にthead要素は1つしか配置できない	0個以上のtr要素（script要素・template要素を入れることも可能）
time	フレージングコンテンツ（Phrasing content）を配置可能な場所	datetime属性が指定されている場合は、フレージングコンテンツ（Phrasing content） datetime属性が指定されていない場合は、決められた書式の日時をあらわすテキスト
title	head要素内に配置（ただし複数は配置できない）	内容が空ではなく、半角スペースや改行やタブだけではないテキスト
tr	thead要素・tbody要素・tfoot要素の子要素として配置／table要素の子要素としてcaption要素・colgroup要素・thead要素よりも後に配置（ただしtbody要素がない場合のみ）	0個以上のtd要素・th要素（script要素・template要素を入れることも可能）

次ページに続く

要素名	配置できる場所	内容となる子要素（コンテンツ・モデル）
track	audio要素またはvideo要素の子要素として、他のフローコンテンツ（Flow content）よりも前に配置	なし
u	フレージングコンテンツ（Phrasing content）を配置可能な場所	フレージングコンテンツ（Phrasing content）
ul	フローコンテンツ（Flow content）を配置可能な場所	0個以上のli要素（script要素・template要素を入れることも可能）
var	フレージングコンテンツ（Phrasing content）を配置可能な場所	フレージングコンテンツ（Phrasing content）
video	組み込みコンテンツ（Embedded content）を配置可能な場所	src属性が指定されている場合は、はじめに0個以上のtrack要素を配置し、以降はトランスペアレント（親要素に直接入れられる要素と同じ要素）。 src属性が指定されていない場合は、はじめに0個以上のsource要素を配置し、次に0個以上のtrack要素、以降はトランスペアレント（親要素に直接入れられる要素と同じ要素）。 いずれの場合も、内部にaudio要素またはvideo要素を含むことはできない
wbr	フレージングコンテンツ（Phrasing content）を配置可能な場所	なし

A-2 input要素のtype属性の値による指定可能な属性一覧

input要素に指定可能な属性の中には、type属性で指定する部品の種類によって指定可能かどうかが変化する属性があります。次の一覧表では、type属性にどの値を指定したときにどの属性が指定可能となるのかを示しています。

表A-2：input要素のtype属性の値によって指定可能かどうかが変化する属性一覧

属性 \ type属性の値	text	search	password	url	tel	email	checkbox	radio	submit	image	reset	button	file	number	range	date	month	week	time	datetime-local	color	hidden
accept属性	×	×	×	×	×	×	×	×	×	×	×	×	○	×	×	×	×	×	×	×	×	×
alt属性	×	×	×	×	×	×	×	×	×	○	×	×	×	×	×	×	×	×	×	×	×	×
autocomplete属性	○	○	○	○	○	○	×	×	×	×	×	×	×	○	○	○	○	○	○	○	○	○
checked属性	×	×	×	×	×	×	○	○	×	×	×	×	×	×	×	×	×	×	×	×	×	×
dirname属性	○	○	×	×	×	×	×	×	×	×	×	×	×	×	×	×	×	×	×	×	×	×
formaction属性	×	×	×	×	×	×	×	×	○	○	×	×	×	×	×	×	×	×	×	×	×	×
formenctype属性	×	×	×	×	×	×	×	×	○	○	×	×	×	×	×	×	×	×	×	×	×	×
formmethod属性	×	×	×	×	×	×	×	×	○	○	×	×	×	×	×	×	×	×	×	×	×	×
formnovalidate属性	×	×	×	×	×	×	×	×	○	○	×	×	×	×	×	×	×	×	×	×	×	×
formtarget属性	×	×	×	×	×	×	×	×	○	○	×	×	×	×	×	×	×	×	×	×	×	×
height属性	×	×	×	×	×	×	×	×	×	○	×	×	×	×	×	×	×	×	×	×	×	×
list属性	○	○	×	○	○	○	×	×	×	×	×	×	×	○	○	○	○	○	○	○	○	×
max属性	×	×	×	×	×	×	×	×	×	×	×	×	×	○	○	○	○	○	○	○	×	×
maxlength属性	○	○	○	○	○	○	×	×	×	×	×	×	×	×	×	×	×	×	×	×	×	×
min属性	×	×	×	×	×	×	×	×	×	×	×	×	×	○	○	○	○	○	○	○	×	×
minlength属性	○	○	○	○	○	○	×	×	×	×	×	×	×	×	×	×	×	×	×	×	×	×
multiple属性	×	×	×	×	×	○	×	×	×	×	×	×	○	×	×	×	×	×	×	×	×	×
pattern属性	○	○	○	○	○	○	×	×	×	×	×	×	×	×	×	×	×	×	×	×	×	×
placeholder属性	○	○	○	○	○	○	×	×	×	×	×	×	×	○	×	×	×	×	×	×	×	×
readonly属性	○	○	○	○	○	○	×	×	×	×	×	×	×	○	×	○	○	○	○	○	×	×
required属性	○	○	○	○	○	○	○	○	×	×	×	×	○	○	×	○	○	○	○	○	×	×
size属性	○	○	○	○	○	○	×	×	×	×	×	×	×	×	×	×	×	×	×	×	×	×
src属性	×	×	×	×	×	×	×	×	×	○	×	×	×	×	×	×	×	×	×	×	×	×
step属性	×	×	×	×	×	×	×	×	×	×	×	×	×	○	○	○	○	○	○	○	×	×
width属性	×	×	×	×	×	×	×	×	×	○	×	×	×	×	×	×	×	×	×	×	×	×

INDEX

●CSS

INDEX

Profile

大藤 幹（おおふじ みき）

1級ウェブデザイン技能士。ウェブデザイン技能検定特別委員、若年者ものづくり競技大会ウェブデザイン職種競技委員。現在の主な業務は、コンピュータ・IT関連書籍の執筆のほか、全国各地での講演・セミナー講師など。著書は『プロを目指す人のHTML&CSSの教科書』（マイナビ出版）、『今すぐ使えるかんたんEx HTML&CSS 逆引き事典』（技術評論社）、『詳解HTML&CSS&JavaScript辞典』（秀和システム）など60冊を超え、HTML5プロフェッショナル認定試験の公式サイトにおけるサンプル問題も多数提供している。
Chapter 1〜2、Appendix担当。

鈴木 雅貴（すずき まさたか）

NTTテクノクロス株式会社 主任エンジニア。
学生時代にインターネットの世界に出会い、表現場所としての可能性を感じるとともにこの世界に関わりたいと考え、1999年入社。2010年よりHTML関連の業務に従事し、Web技術を中心とした技術支援や技術者育成に力を注ぐ。アヒルが好き。
Chapter 3〜5担当。

Staff

カバー・本文デザイン：Concent,inc.（深澤 充子）／**DTP**：AP_Planning／**担当**：伊佐 知子

HTML5 プロフェッショナル認定試験 レベル1
対策テキスト&問題集　Ver.2.5 対応版

2022年9月26日　初版第1刷発行
2024年2月 5日　　　第2刷発行

著　　者　大藤 幹、鈴木 雅貴
発 行 者　角竹 輝紀
発 行 所　株式会社 マイナビ出版
　　　　　　〒101-0003　東京都千代田区一ツ橋2-6-3 一ツ橋ビル2F
　　　　　　☎0480-38-6872（注文専用ダイヤル）
　　　　　　☎03-3556-2731（販売）
　　　　　　☎03-3556-2736（編集）
　　　　　　E-Mail：pc-books@mynavi.jp
　　　　　　URL：https://book.mynavi.jp
印刷・製本　シナノ印刷株式会社